TINY HOUSE

TINY HOUSE

KEVIN RECHSTEINER

DAS GROSSE PRAXISBUCH

Planung, Selbstbau und Fertighäuser
Mit vielen Erfahrungsberichten

at VERLAG

Die Website zum Buch mit Anleitungen, Tipps und Tricks,
Interviews und Erfahrungsberichten: www.tiny-house.ch

5. Auflage, 2022

AT Verlag, Aarau und München
Lektorat: Petra Holzmann
Grafische Gestaltung und Satz: AT Verlag
Druck und Bindearbeiten: Firmengruppe APPL, aprinta druck, Wemding
Printed in Germany

ISBN 978-3-03902-050-8

www.at-verlag.ch

Der AT Verlag wird vom Bundesamt für Kultur
für die Jahre 2021–2024 unterstützt.

INHALT

VORWORT

Irgendwann im Herbst 2015 begann ich, mich mit dem Thema Tiny House zu beschäftigen. Nach einer längeren USA-Reise in einem alten VW-Bus, auf der ich mich an ein räumlich beengtes Leben gewöhnt hatte, kam ich zurück in meine großzügige Loft-Wohnung und nahm die vielen Dinge, die sich darin befanden, ganz anders wahr. Nach und nach habe ich mich von vielem getrennt: von Büchern, CDs, Möbeln, Souvenirs – alles habe ich weggegeben. Und irgendwann wurde mir dann die Wohnung zu groß und zu leer.

Ein Tiny House schien mir damals die ideale Lösung für eine befriedigendere und stimmigere Wohnsituation. Auf wenigen Quadratmetern alles zu haben, was man zum Leben braucht. Für mich war klar, dass ich dieses Haus selbst bauen wollte. Es gab zu dieser Zeit erst sehr wenige europäische Produzenten von Tiny Houses, bei denen ich mich hätte informieren können, und so habe ich mich über Internet-Videos und verschiedene Websites vor allem an Tiny-House-Herstellern in den USA orientiert, wo es diese Bewegung schon einige Jahre gab.

Mit einem guten Freund, der von Beruf Architekt war, machte ich mir Gedanken zum Aufbau meiner neuen Behausung, zur Form und zur Aufteilung des Raumes. Durch einen Zufall kam es dann aber anders als geplant, denn mir wurde ein alter Zirkuswagen zum Kauf angeboten. Kurz entschlossen habe ich diesen gekauft, meine Wohnung gekündigt und drei Monate später mit dem Umbau des Wagens begonnen. Ohne Plan und Idee, wie das alles funktionieren sollte, aber dafür mit ganz viel Motivation habe ich den Zirkuswagen in einem Jahr komplett umgebaut. Neue Fenster, neue Türen, Isolation, Strom, Wasser – alles, was man braucht. Schritt für Schritt habe ich den Wagen fertiggestellt und dann im Frühjahr 2017 bezogen. Seither habe ich viele Anpassungen an meinem Tiny House vorgenommen, bin mit dem Wagen an einen neuen Standort umgezogen und habe Stürme, Hitzewellen und Frost gut überstanden.

In diesem Buch möchte ich all das zusammentragen, was ich mir während meiner Tiny-House-Bauzeit an Basiswissen gewünscht hätte: Informationen zu all den praktischen Dingen, die man beim Bau und Ausbau braucht, und Hinweise zu den besonderen Bedingungen für Tiny Houses im europäischen Raum. Außerdem hätten mich damals auch die Erfahrungen und Erkenntnisse von anderen Menschen interessiert, die in Tiny Houses wohnen.

Ich benutze für dieses Buch den Begriff »Tiny House« in seiner ursprünglichsten und einfachsten Übersetzung. Tiny heißt »winzig« und house »Haus«. Es geht also um winzige Behausungen jedweder Art. Ich unterscheide nicht zwischen einem »klassischen« Tiny House und einem Zirkuswagen. Ein Baumhaus und ein Hausboot gehören für mich ebenfalls zur Kategorie der winzigen Behausungen. Dabei ist mir natürlich bewusst, dass sich jeder dieser Bautypen von den anderen unterscheidet – aber viele der Grundprinzipien bleiben dieselben. Schließlich verwende ich den Begriff »Tiny House«, weil er für mich ganz einfach schöner klingt als die Begriffe »Kleinstwohnform« oder »Einraumwohnung«.

Ich hoffe, dieses Buch hilft allen, die selbst ein Tiny House bauen wollen, und gibt all jenen eine gute Übersicht, die ein solches Haus kaufen möchten. Und nicht zuletzt hoffe ich, dass mein Buch auch einfach zum Träumen anregt!

In den letzten Jahren ist das Thema Tiny House sehr populär geworden. Es gibt inzwischen mehrere europäische Hersteller solcher Häuser, und in sozialen Netzwerken kann man in Foren seine Erfahrungen austauschen. Weil in der Tiny-House-Szene in Europa aktuell sehr viel passiert, gibt es zu diesem Buch auch eine Website. Dort findet man Interviews mit Tiny-House-Bewohnern und -Anbietern, News aus der Szene und sicher immer wieder einmal die eine oder andere Ergänzung zu den Themen dieses Buches. Das Tiny House hat seinen Weg nach Europa gefunden!

Ich wünsche Ihnen viel Spaß mit diesem Buch. Wenn Sie Fragen, Inputs, Ideen oder Anregungen haben, bitte melden Sie sich gerne!

Kevin Rechsteiner

DIE GESCHICHTE DES TINY HOUSE

Es gibt ein Hauptmerkmal, das allen Tiny-House-Wohnformen gemeinsam ist: die geringe Wohnfläche. Der aktuelle Trend der Tiny Houses wird den USA zugeschrieben, allerdings war historisch gesehen und ist immer noch vor allem Japan das Land, in dem das Wohnen auf kleiner Fläche gepflegt wird – und dies mit besonders viel Eleganz und Stil. Zahlreiche Wohnungen sind dort auch heute noch kaum über zwanzig Quadratmeter groß.

Wie es dazu kam, dass die Tiny Houses ihren Siegeszug in den USA antraten, ist nicht ganz klar. Im Jahr 1999 baute Jay Shafer sein erstes »Tiny House on Wheels« und begann, die Baupläne für dieses Haus zu verkaufen, sodass jeder sein Haus nachbauen konnte. Als 2007 in den USA die Immobilienkrise einsetzte, die Zinsen für Immobilien durch den spekulativ aufgeblähten Immobilienmarkt in die Höhe schossen und viele Besitzer ihre Häuser verloren, wurde das Tiny House auch aus wirtschaftlichen Gründen für viele Menschen interessant.

Das Leben auf Rädern kennt man in Europa vor allem von der langen Zirkustradition und von den fahrenden Händlern, denen man bis in die 1970er-Jahre noch oft begegnen konnte. Diese Wohnformen waren hierzulande die Vorgänger der aktuellen Tiny Houses – der Zirkuswagen hat bis heute nichts von seinem Charme verloren.

Später wurde der Typus des Zirkuswagens zunehmend durch den Bauwagen ersetzt. Sehen Sie sich einmal um: In vielen Gärten dient ein umgebauter Bauwagen als Rückzugsort und erweiterter Wohnraum.

Der Trend des Van-Life, des Lebens und Unterwegsseins im Auto, kommt ebenfalls aus den USA. Hierbei steht die Mobilität im Vordergrund. Auch dieser Trend erfasst Europa immer mehr, und gerade jüngere Menschen nutzen diese günstige Wohnmöglichkeit, um kostensparend zu reisen.

Eine andere Tradition kennt man aus Städten wie Amsterdam und Paris, wo seit Langem die Form der Wohnboote kultiviert wird. Ursprünglich waren es die Binnenschiffer, die ihre Kähne in der Stadt oder in Stadtnähe festzurrten und dort für kürzere oder längere Zeit wohnten. Lange gab es in den Niederlanden keine gesetzliche Regelung für diese Wohnformen. Mittlerweile hat sich vor allem in Paris und Amsterdam das Wohn- oder Hausboot etabliert, auch wenn die Plätze dafür sehr beschränkt sind.

Ein weiterer Grund für all diese Kleinwohnformen ist die Nähe zur Natur und das Leben außerhalb der Ballungsgebiete – Aspekte, die von vielen geschätzt werden. Das Tiny House bedeutet also nicht nur eine kleine Wohnfläche, sondern ist auch Ausdruck einer Lebenseinstellung. Es geht dabei um Reduktion, aber auch um einen Lifestyle. Nicht zuletzt kommt das Thema der Nachhaltigkeit und des ökologischen Fußabdrucks im Tiny House zum Ausdruck, das zunehmend an Bedeutung gewinnt. Viele Menschen möchten einen möglichst geringen ökologischen Fußabdruck hinterlassen – auch diesem Bedürfnis wird das Leben im Tiny House gerecht.

Die Tiny-House-Bewegung hat seit dem Jahr 2017 einen großen Aufschwung erlebt. Es entstanden Foren und Gruppen in sozialen Medien, es gibt Bauseminare und zahlreiche Hersteller von Tiny Houses. Auf YouTube und in den Foren findet man diverse Anleitungen zum Eigenbau der kleinen Behausungen.

VERSCHIEDENE ARTEN VON KLEINWOHNFORMEN

DAS TINY HOUSE

Die moderne Tiny-House-Bewegung und der Begriff »Tiny House« gehen – wie bereits erwähnt – auf den Amerikaner Jay Shafer zurück, der 1999 sein erstes »Tiny House on Wheels« baute. Er stellte dieses Haus für 5000 Dollar her und verkaufte seine Pläne dafür anschließend an andere Interessenten. Das Haus war nur knapp acht Quadratmeter groß und besaß weder Küche noch Toilette (zu sehen auf: www.youtube.com/watch?v =kokfl0vn9ZM).

Ein bewusstes Leben in kleinen Wohnräumen wurde jedoch schon viel früher praktiziert. Das Buch »Walden. Oder das Leben in den Wäldern« von Henry David Thoreau wird immer wieder als Ursprung der Form des reduzierten Wohnens genannt. Im Jahre 1854 hatte sich Thoreau für über zwei Jahre in eine Blockhütte in den Wäldern von Massachusetts zurückgezogen und dort auf knapp fünfzig Quadratmetern gelebt.

In den 1920er-Jahren gab es in den USA dann einige Tüftler wie Charles Miller, die sich auf ihre Ford T-Modelle kleine Häuser bauten. Wie stabil diese Konstruktionen waren und wie viele Meilen damit zurückgelegt wurden, ist leider nicht überliefert.

Positiv wirkte sich auf die Erstellung von Kleinwohnbauten in den USA aus, dass im Jahr 1997 in Portland, Oregon, die Bewilligung für Hausbauten (ADU) so geändert wurde, dass es fortan erlaubt war, auf einem Grundstück, auf dem ursprünglich der Bau von nur einem Haus vorgesehen war, ein zweites zu bauen. In der Folge entstanden viele An- bzw. Zweitbauten.

1998 veröffentlichte die Architektin Sarah Susanne das Buch »The Not So Big House«, das eine Gegenstimme zur damals aktuellen Bigger-Is-Better-Bewegung in den USA darstellte. 2002 wurde die »Small House Society« gegründet; diese hatte zum Ziel, den Bau von Kleinstwohnformen zu fördern. Das Tiny House wurde dank der Bemühungen dieses Vereins 2017 offiziell ins Baurecht aufgenommen. Ein Tiny House darf demnach eine Fläche von bis zu 37 Quadratmetern haben.

Es dauerte noch einige Jahre, bis die Tiny-House-Bewegung in Europa ankam. Eine der ersten Firmen, die sich hier auf Tiny Houses spezialisiert haben, war die in der Nähe von Wien ansässige Firma Wohnwagon von Theresa Steininger und Christian Frantal. Sie gilt als Vorreiter in Europa.

Ein Merkmal eines Tiny House ist die bodennahe Anhängerkupplung. Diese befindet sich oft nur dreißig Zentimeter über dem Boden und ermöglicht unter anderem einen Aufbau mit zwei Stockwerken. Bei vielen Tiny Houses ist auch das Schrägdach zu einem Markenzeichen geworden.

Viele Menschen wollen sich ein Tiny House selber bauen. Ihnen geht es dabei um die individuelle Ausgestaltung, aber auch um den Bauprozess an sich. Anders als bei einem klassischen Hausbau kann man in einem Tiny House seine Bedürfnisse, Wünsche und Vorstellungen genau so umsetzen, wie man es sich vorstellt. Darum bieten viele Hersteller auch Rohbauten an, bei denen die Grundkonstruktion vorgegeben ist, aber der Innenausbau nach persönlichen Wünschen und Vorlieben vorgenommen werden kann. Ein Tiny House wird immer so individuell sein wie sein(e) Bewohner. Durch die Mobilität kann auch der Standort sehr einfach verändert werden – das verstärkt den Freiheitsgedanken umso mehr!

DER ZIRKUSWAGEN

Die Geschichte des Zirkuswagens ist hierzulande deutlich älter als die des Tiny House. Roma und Sinti sowie verschiedene Zirkusdynastien zogen bereits um 1800 in Europa in ihren Wagen umher. Sie wohnten darin und blieben jeweils nur einige Tage oder Wochen an einem Ort. Bis heute gibt es kleinere Zirkusgruppen (zum Beispiel den Circolino Pipistrello u. a.), die mit ihrer Wagenkarawane durch Europa ziehen.

Große Bekanntheit erlangte der Zirkus- oder Bauwagen auch durch die TV-Sendung »Löwenzahn«: Peter Lustig vermittelte den Kindern sein Wissen in und um seinen blauen Bauwagen herum.

Natürlich kennt man ähnliche Wagenformen wie beispielsweise den Planwagen aus Westernbüchern und -filmen. Diese Wagen wurden auf dem Treck gen Westen unter anderem zu sogenannten Wagenburgen im Kreis zusammengestellt, um die »bösen« Indianer abzuwehren. Der Begriff »Wagenburgmentalität« wurde daher auch ein Synonym für ein skeptisches, zurückhaltendes Verhalten gegenüber Fremden, Auswärtigen, Nicht-Einheimischen oder Zugewanderten.

Der Zirkus- oder Bauwagen hat meist ein etwas höheres Fahrwerk, es ist etwa einen Meter vom Boden entfernt. Somit besteht nur eine begrenzte Möglichkeit, zweistöckig zu bauen. Traditionelle Zirkuswagen haben oft ein Oberlicht. Zudem sind die Dächer meist abgerundet.

Die Vorteile von Zirkus- oder Bauwagen sind die, dass eine Grundform sowie Fenster und Türen schon vorhanden sind, ebenso ein zweckmäßiges Dach. Da diese Wagen für den Straßenverkehr konzipiert wurden, erfüllen sie oft schon alle Anforderungen, um die Fahrzeuge auf der Straße zu bewegen.

Die Länge von Zirkuswagen kann stark variieren, vom drei Meter langen »Schäferwagen« bis zum zwölf Meter langen Zirkuslager ist alles möglich. Man findet sowohl gebrauchte Wagen auf verschiedenen Auktionsplattformen als auch neu gebaute Fahrzeuge.

Von außen sehen Zirkus- oder Bauwagen meist recht schlicht aus. Beim Innenausbau sind aber auch hier unzählige Möglichkeiten gegeben. Insofern unterscheidet sich der Zirkuswagen nicht sehr vom klassischen Tiny House.

DAS ERDHAUS

Ein Erdhaus ist ein Haus, bei dem Erde einen bedeutenden Anteil an der Wand- und Deckenkonstruktion des Hauses hat. Als Basis dient meist ein Stahlgerüst, das die nötige Stabilität gewährt. Die Erde hat beim Erdhaus die Funktion der Isolation, sie schützt vor Kälte, Wärme, Wind und anderen Wettereinflüssen.

Meist haben Erdhäuser eine Front mit Fenstern und Türen, während der hintere Teil des Hauses baubedingt fensterlos ist. Das Spannende an Erdhäusern ist das ausgeglichene Klima darin, denn sowohl im Winter als auch im Sommer ist es dort ähnlich warm, ohne dass große Heizkosten anfallen.

Ein Erdhaus unterliegt in den meisten Ländern dem Baurecht und kann nicht ohne Baubewilligung erbaut werden.

Es gibt in der Schweiz und in anderen Ländern diverse Erdhäuser, die als »normale« Wohnungen genutzt werden. Der Schweizer Architekt Peter Vetsch gilt als Pionier des Bauens von Erdhäusern. Zum Thema Baubewilligung sagt er: »Erdhäuser haben keine Probleme mit der Bewilligung, in Einfamilienhauszonen sowieso nicht. Einzig in der Stadt könnte es problematisch werden.«

Die Kosten eines Erdhauses sind mit jenen eines konventionellen Hauses vergleichbar. Jedoch haben Erdhäuser den Vorteil, dass nur minimale Heizkosten anfallen und auch der Klimatisierungsbedarf entfällt.

Zur Größe der Erdhäuser sagt der Pionier: »Ein Erdhaus ist auch mit fünfzig Quadratmetern denkbar, dies zu bewerkstelligen ist sogar einfacher als beim konventionellen Haus. Durch die hohen und runden organischen Raumformen und durch die verschiedenen Durchblicke lassen sich äußerst kleine Quadratmeterflächen sehr aufwerten, sodass immer noch ein gutes Wohngefühl entsteht.« Peter Vetsch hat in den letzten Jahren zunehmend Anfragen für kleinere Erdhäuser erhalten. Diese werden in der Regel in einer Gruppe oder in Form eines Wohndorfes gestaltet.

Neue Technologien erlauben zudem den Druck eines Erdhauses im 3D-Verfahren. So lässt sich dieses noch individueller gestalten, und der Bau wird kostengünstiger.

Über Peter Vetsch

Nach dem Besuch der Landwirtschaftsschule in Cernier (Kanton Neuenburg) mit Diplomabschluss machte er eine Lehre zum Hochbauzeichner und arbeitete in einem Architekturbüro in St. Gallen. In den folgenden Jahren besuchte er die staatliche Kunstakademie Düsseldorf, die er ebenfalls mit einem Diplom abschloss. Danach arbeitete er in den Architekturbüros Krass (Düsseldorf) und Hasler (Zürich), ab 1974 betrieb er ein eigenes Architekturbüro in Zumikon (Zürich), ab 1978 in Dietikon (Zürich). Heute arbeitet er als Architekt in Zürich.

Vetsch ist seit 1974 ein Pionier des Bauens von Erdhäusern und weltweit der einzige Architekt mit über neunzig realisierten Erdhäusern. Daneben erstellt er aber auch konventionelle Bauten. Sein Interesse gilt in erster Linie der ökologischen und umweltfreundlichen Architektur.

Für seine Erdhäuser schafft er mittels Spritzbetonkonstruktionen Gebäudehüllen, die bei minimaler Fläche maximale Volumen umschließen – und somit ideal für den Energiehaushalt sind. In seinen Erdhausbauten gibt es keine rechten Winkel; mit räumlicher Vielfalt überwinden sie die Eintönigkeit des tradierten normalen Bauens. Sie erinnern an die organischen Formen Antoni Gaudís und an die Bauten des Jugendstils.

DAS CONTAINERHAUS

Containerhäuser bzw. Schiffscontainer als Wohnform haben sich in Europa (noch) nicht durchgesetzt, es gibt hierzulande sehr wenige Schiffscontainer-Wohnprojekte. Eines der bekanntesten Gebäude ist der »Freitag Tower«, der Verkaufsturm der Firma Freitag in Zürich, der aus mehreren aufeinandergestapelten Schiffscontainern besteht. Auch das sogenannte »Basislager« in Zürich setzt sich aus mehreren aufgetürmten Containern zusammen, die als Ateliers oder Büros genutzt werden.

Die Nutzung von alten Schiffscontainern erscheint durchaus attraktiv, allerdings ist sowohl die Logistik als auch der Ausbau nicht ganz einfach. Durch das hohe Gewicht lassen sich diese Bauten kaum mehr verschieben. Zudem sind Schiffscontainer nahezu luftdicht, was zu einem unangenehmen Raumklima führen kann, wenn man diesen Faktor nicht speziell berücksichtigt.

Der Container gilt in den meisten Fällen als fixer Bau, da er oft fest auf einem Fundament verankert werden muss.

Der Deutsche Stefan Brandt hat sich selber ein Haus aus einem 20-Fuß-Seecontainer gebaut und stellt die Pläne seines Umbaus auf www.pocketcontainer.de zur Verfügung. Auf dieser Website bekommt man auch detaillierte Baupläne für andere Modelle, die sich – gemäß Autor – in zwei bis vier Wochen Bauzeit umsetzen lassen.

DAS HAUSBOOT

Die Ära der Hausboote nahm in den 1920er-Jahren in Paris ihren Anfang. Die Kosten für Wohnraum waren in Paris zu dieser Zeit sehr hoch, sodass sich Künstler damals entschlossen, in Lastschiffen auf dem Fluss zu leben.

Doch Hausboot ist nicht gleich Hausboot. Neben dem »echten« Hausboot (ein Schiff mit Wohnraum) gibt es auch sogenannte »Wohnboote« (ein Wohnraum auf dem Wasser). Wohnboote haben im Gegensatz zum Hausboot keinen eigenen Antrieb und müssen von einem Schiff gezogen werden, wenn man sie transportieren möchte.

Wiederum anders verhält es sich mit einem »Schwimmhaus«. Dieses gleicht eher einem Haus, das zwar auf dem Wasser schwimmt, aber fest an einem Platz verankert ist. Es hat weder einen Rumpf noch einen Antrieb. In Amsterdam kennzeichnet diese Art von Hausbooten das Stadtbild.

Die gesetzliche Lage von Hausbooten ist je nach Land sehr unterschiedlich. In der Schweiz sind Hausboote komplett verboten, während es in Deutschland am Meer fast schon eine rechtsfreie Zone gibt. Aber auch hier gilt es zu unterscheiden, um welche Hausboot-Wohnform es sich handelt. In Deutschland darf zum Beispiel ein Schwimmhaus nicht nach Belieben verankert werden. In Österreich zählen Schwimmhäuser zu den Ausnahmen; sie sind erlaubt, aber sie werden nur mit viel Aufwand bewilligt.

Ein stolzer Besitzer eines Hausboots ist der Hamburger Fotograf Claudius Schulze. Er hat sein Hausboot namens »Eroberung des Unwahrscheinlichen« als schwimmendes Kunstobjekt konzipiert. Das Boot dient ihm auch als Studio und Plattform für seine Projektarbeiten. Claudius hat es komplett selbst geplant und gebaut. Im März 2016 hat er mit der Konstruktion angefangen, sechs Monate später war das Schiff fertiggestellt.

In einem Interview erzählte er, dass die größte Herausforderung beim Bau des Bootes das Projekt an sich war. Damals waren solche Projekte Neuland, alles musste er sich selbst erarbeiten, entsprechend war oft Durchhaltevermögen gefragt. Auch über die rechtliche Situation hat er sich Gedanken gemacht und sich sehr präzise an alle gesetzlichen Anforderungen für ein Hausboot gehalten.

Die Idee zu diesem Hausboot reifte in seinem Kopf, die statische Grundkonstruktion hat er dann vollständig am Computer durchgeplant und berechnet. Alles Weitere entstand spontan. Er hat versucht, die Konstruktion statisch so simpel wie möglich zu bauen, deshalb ist es ein Quader geworden. Er hätte allerdings, wie er sagte, eine organischere Form vorgezogen. Die Kosten für das Boot beliefen sich auf 25 000 Euro (circa 10 000 Euro Materialkosten, 10 000 Euro für die Technik, das heißt Motor und Photovoltaik, rund 5000 Euro für den Ausbau). In den Unterhalt des Bootes investiert er etwa 5000 Euro pro Jahr.

DAS EARTHSHIP

»Earthship« nennt man ein Haus, das sich durch solaren Wärmegewinn selbst heizt und durch Luftzirkulation gekühlt wird. Für das ganze Haus sollen möglichst viele recycelte Materialen verwendet werden. Das Ziel eines Earthship ist, komplett autark zu sein.

Die Idee des Earthships hatte der amerikanische Architekt Michael Reynolds in den 1970er-Jahren. In den letzten Jahren hat die Idee wieder Aufschwung bekommen, da Klimaschutz und nachhaltiges Bauen erneut an Dringlichkeit und Wichtigkeit gewonnen haben. Vor allem in den USA sind Earthships verbreitet. Im Jahr 2006 zählte man dort rund 2000 Stück, alle auf der Grundlage der Ideen von Michael Reynolds entstanden.

Mittlerweile gibt es Earthships auch in Europa: Im Mai 2016 wurde das erste Earthship namens »Tempelhof« im baden-württembergischen Kreßberg in Deutschland fertiggestellt. Auf der Website dazu wurden diverse Informationen zur Realisierung des Projektes zusammengetragen (www.earthship-tempelhof.de). Über die globale offizielle Earthship-Homepage (www.earthshipglobal.com) findet man noch weitere Informationen und Baupläne.

DAS BAUMHAUS

Als Urform des Baumhauses kann man wohl die ersten Pfahlbauten ansehen, die bereits im 5. Jahrtausend vor Christus dokumentiert sind. Sinn der damaligen Pfahlbauten war, sich gegen Hochwasser und Raubtiere zu schützen. Bis heute werden in Südamerika, Afrika und Asien aus demselben Grund Baumhäuser gebaut: als Schutz vor Gefahren, die am Boden lauern. In Europa gibt es einige Projekte, bei denen ein Baumhaus für ein besonders naturnahes Wohn- und Übernachtungserlebnis einer Hotelanlage angegliedert ist.

Baumhäuser sind meist sehr einfach ausgestattet, da der Anschluss mit Wasser, Abwasser und Strom nicht ganz einfach ist. Gerade Wasser muss die Höhendifferenz vom Boden aus überwinden, was eine größere Pumpe nötig macht.

Während ein kleines Baumhaus im Garten meist ohne größeren Aufwand (und meist ohne nötige Bewilligung) gebaut werden kann, gestalten sich Bau und Genehmigung für ein bewohnbares Baumhaus schwieriger. Denn während ein Baumhaus im Sommer recht problemlos bewohnt werden kann, müssen im Winter Themen wie Isolation, Frost usw. gut überlegt sein.

VANLIFE

In den letzten Jahren hat der Begriff »Vanlife« einen großen Hype erlebt. Die Idee, im Fahrzeug zu leben, ist jedoch viel älter – speziell in den 1970er-Jahren zu Hippiezeiten war sie sehr beliebt. In bunt eingerichteten alten T2-VW-Bussen zog man quer durch die USA auf dem Weg zu Konzerten, Happenings und Partys. Der ursprünglich als Transportwagen für Handwerker gedachte Bus bot genug Platz für individuelle Ausbauten und wurde von vielen zur mobilen Wohnung umgebaut.

Heute hat das Ganze professionelle Ausmaße angenommen. Schulbusse, Lieferwagen und Kleinwagen werden zu zweckmäßigen Wohnungen umgebaut, mit denen man sich dann mehrere Monate oder Jahre auf Reisen begibt. Natürlich hat sich auch die Technik verändert. Wassertanks, Solaranlagen, Speicherakkus und eingebaute Duschen und Toiletten sind keine Seltenheit mehr. Das »Vanlife« ist eine der einfachsten Lebensformen, da man mit dem Fahrzeug ständig unterwegs ist und so keinen fixen Standplatz benötigt.

Martina Zürcher und Dylan Wickrama, stolze Besitzer eines VW-Vans, sind Paradebeispiele für das Vanlife. Sie haben mir in einem Interview nützliche Informationen verraten. Für den Umbau ihres VW-Busses haben sie

Doch zurück zur Wasserversorgung: Ihnen reichen die rund 100 Liter Wasser meist für drei Tage. Sie benutzen also verhältnismäßig wenig Wasser und verwenden zum Duschen auch nur biologisch abbaubare Seifen. Für ihre kleine Chemietoilette haben sie mittlerweile ebenfalls ein biologisches Mittel gefunden.

Geheizt wird der Wagen mit einer Standheizung vom Typ Planar2D. Diese läuft über den Dieseltank des Autos. Aus Sicherheitsgründen lassen sie die Heizung aber nie über Nacht laufen, sondern heizen abends gut ein und schlafen dann, ausgestattet mit warmen Bettsocken und Mütze. Morgens wird die Heizung dann gleich wieder eingeschaltet.

Isoliert ist der Van mit Armaflex. Dieses Material ist extra für die Verwendung in Camper-Vans konzipiert; die Isolierzellen des Materials brechen nicht, wenn man die Platten an die Rundungen des Vans anpasst. Diese Isolation hilft nicht nur gegen Kälte und Hitze, sondern dichtet auch gegen Geräusche ab.

Alles in allem haben sie für den Umbau – mit Einbaufenstern und Kühlschrank, Gasherd und Toilette – etwa 6000 Franken ausgegeben.

Wer mehr erfahren will, sei hier auf die Homepage der beiden hingewiesen: www.ride2xplore.com. Martina und Dylan pflegen auch einen Blog und haben ein Buch über ihr Vanlife geschrieben: »Einfach leben«, erschienen im Eigenverlag.

zwei Monate gebraucht. Sie haben jeden Tag daran gewerkelt – und ihre Tage waren lang. Sehr oft hat Dylan allein gearbeitet, weil er der handwerklich Begabtere ist.

Die Wasserversorgung ihres Vans funktioniert mit Wassertanks, davon haben sie zwei. Einer ist unten am Auto angebracht, dort, wo früher das Ersatzrad war. Er fasst 55 Liter. Einen weiteren Wassertank mit 30 Liter Inhalt haben sie in der Wand des Busses eingebaut. (Einen solchen Wassertank gibt es für VW-Busse so zu kaufen, dass er genau in die Wand hineinpasst.) Das Wasser in diesem Wand-Wassertank benutzen sie zum Duschen. Das Wasser wird vom Wassertank in einen Wasserboiler geleitet (nochmals 20 Liter), wo das Wasser mit der Abwärme des Motors aufgeheizt wird. Dylan hat das Kühlerwassersystem so umgebaut, dass es durch den Boiler fließt. So haben sie nach etwa 20 Minuten Fahrt bereits heißes Wasser. Zum Händewaschen, Zähneputzen usw. haben sie im Wagen fließendes Wasser, aber nur einen 5-Liter-Abwassertank, den sie häufiger leeren müssen. (Wegen des eng begrenzten Zuladungsgewichts wollten sie keinen größeren Abwassertank einbauen.)

Doch wie funktionieren ihre Dusche und ihre Toilette? Sie verfügen über eine Outdoor-Dusche hinter dem Bus, die sie täglich nutzen. Im Winter brauche es, wie sie verschmitzt feststellen, etwas Überwindung – aber das sei alles Kopfsache. Genauso wie das Leben auf kleinstem Raum. »Alles, was wir in dem intensiven Alltag on the road erleben, ist so wertvoll für uns, dass wir die etwas schwierigeren Dinge gerne in Kauf nehmen.«

DAS KLEINSTHAUS

Ein Kleinsthaus erinnert vom Aussehen her eher an ein klassisches Haus. Man kann kleine Häuser auch immer wieder in bestehenden Häuserzeilen entdecken. In Winterthur steht eines der bekanntesten Kleinsthäuser der Schweiz. Gebaut wurde das Haus in der Neustadtgasse im Jahre 1863. Bis 1903 diente es als Werkstatt, danach wurde es und wird heute noch als Wohnhaus genutzt. Im Erdgeschoss befindet sich eine kleine Küche und ein kleines Esszimmer. Im oberen Stock ein kleiner Raum und ein Badezimmer mit Dusche und Toilette.

Die Entwicklung der letzten Jahrzehnte und der Wunsch nach immer großzügigerem Wohnen ließ zunächst keine neuen Kleinsthäuser aufkommen. Doch in den letzten Jahren haben sich Kleinsthäuser oder Modulhäuser erneut verbreitet. Denn viele Hersteller bieten wieder kleine Häuser an, oft unter neuen Namen wie »Single-Häuser«, »Minihäuser« oder Ähnlichen. In der Schweiz bietet zum Beispiel das »Ökominihaus« (siehe Seite 40) auf 35 Quadratmetern alles, was man zum Wohnen braucht.

Durch neue Bautechniken und -materialien sind leichtere und stabilere Bauten möglich, die sich modulmäßig zusammenschließen lassen. Diese Modulhäuser werden gesetzlich als »normale« Bauten behandelt. Man braucht dafür eine Baubewilligung und die Erschließung wie bei einem konventionellen Haus. Trotzdem bieten diese Kleinsthäuser eine interessante Alternative, da sie einfacher wieder abgebaut und an einen anderen Ort verschoben werden können.

DIE JURTE

Eine Jurte ist ein Nomadenzelt, das bis heute vor allem in der Mongolei als Behausung genutzt wird. Sie lässt sich innerhalb von wenigen Stunden auf- und wieder abbauen und auf einfache Weise transportieren.

Das Zelt besteht meist aus mehreren Scherengittern, die man zusammenklappen kann. Diese Scherengitter lassen sich zu einem Kreis formen, auf dem die Dachkonstruktion aufgebaut wird. Die ganze Konstruktion wird von Seilen zusammengehalten und von beiden Seiten mit Stoff bespannt.

Jurten gibt es in den verschiedensten Größen mit Durchmessern von fünf bis acht Metern (und mehr). Die Isolation der Jurte (zwischen den beiden Stoffschichten) kann aus verschiedenen Materialen wie Schafwolle, Stroh und Heu oder anderen Isolationsmaterialen bestehen.

Je nach Wunsch lassen sich in eine Jurte auch Fenster, Türen oder Kamine einbauen, sodass die Behausung auch ganzjährig bewohnbar ist. Idealerweise wird eine Jurte auf einem Holzboden aufgebaut, der zur Nutzung im Winter ebenfalls isoliert werden kann.

PORTRÄTS VON TINY HOUSES: IHRE ERBAUER UND BESITZER

DIE FIRMA WOHNWAGON

Der erste autarke Wohnwagen

Die Firma Wohnwagon gilt unbestritten als einer der Pioniere des Baus von Tiny Houses in Europa. Bereits im Jahr 2013 hatten Theresa Steininger, Christian Frantal und ihr Team die Idee, mit natürlichen Materialien einen autarken Wohnwagen zu bauen. Der Name dafür stand auch schon: »Wohnwagon«.

Zur Finanzierung des ersten Projekts entschied man sich bewusst für eine Crowdfunding-Kampagne. Über hundert Investoren unterstützten die Idee, und so wurde mit 70 000 Euro der erste Prototyp gebaut.

Im November 2013 verließ der erste Wohnwagon – namens »Oskar« – die Produktionshalle. Daraufhin gab es großes Feedback und viele Rückmeldungen, und man merkte schnell, dass die Menschen selbst Hand anlegen wollten. Ab März 2014 wurden deswegen Workshops rund ums Selbermachen, Bauen und Planen von Wohnwagons angeboten. Das Teilen ihres Wissens unterscheidet das Team und das Projekt Wohnwagon von anderen Tiny-House-Herstellern. Informationen, wie etwas ge-

BRUNO
Techno mini

macht wird oder wie man etwas baut, werden sowohl auf der Homepage als auch im persönlichen Gespräch weitergegeben.

Nach »Oskar« dauerte es rund ein weiteres Jahr, bis der erste Wohnwagon namens »Emma« an einen Kunden ausgeliefert werden konnte. Daraufhin wurde die Nachfrage immer größer, sowohl nach Wohnwagons als auch nach den einzelnen Komponenten. Deshalb schuf die Firma Wohnwagon einen Onlineshop, in dem man bis heute eine Vielzahl von Produkten findet, die alle von Wohnwagon getestet und eingesetzt wurden.

Nach der Etablierung des Onlineshops ging es für Wohnwagon laufend weiter. Neue Produkte wurden getestet und Anpassungen an den Modellen vorgenommen. Was man im Wohnwagon gelernt hatte, wurde ab Januar 2017 auch in einem regulären Haus umgesetzt: In Zofingen in der Schweiz steht das erste wasserautarke Haus der Schweiz. Wie alle Wohnwagons hat es einen Namen bekommen, der hier passender nicht sein könnte: »Aqua«.

Das Team von Wohnwagon ist wohntechnisch vielfältig engagiert, hat aber immer den Fokus auf Autarkie – egal ob es einen Wohnwagen, ein Haus oder ein ganzes Dorf betrifft.

Wohnwagon benutzt für den Bau ihrer Wagen 8 Zentimeter dickes Massivholz von der Fichte. Zur Isolation wird 8 Zentimeter Schafwolle (in der Schweiz und in Deutschland 13 Zentimeter) verwendet. Auch das Holz von Lärche und Eiche kommt zum Einsatz. Dabei wird stets auf die regionale Herkunft geachtet – die Hölzer stammen immer aus Österreich. Die Fenster werden generell aus Lärchenholz hergestellt und sind dreifach verglast.

DAS WICHTIGSTE IN KÜRZE

WW Wohnwagon GmbH
Gutenstein, Österreich
www.wohnwagon.at

Toilette
Separett Villa

Baumaterial
Fichte, Massivholz

Kochen
Mit Holz, Strom, Gas

Wasserversorgung
Wasserkreislauf

Heizung
Holz-Solar-Zentralheizung

DAS ÖKOMINIHAUS

Klein, baubiologisch und verschiebbar

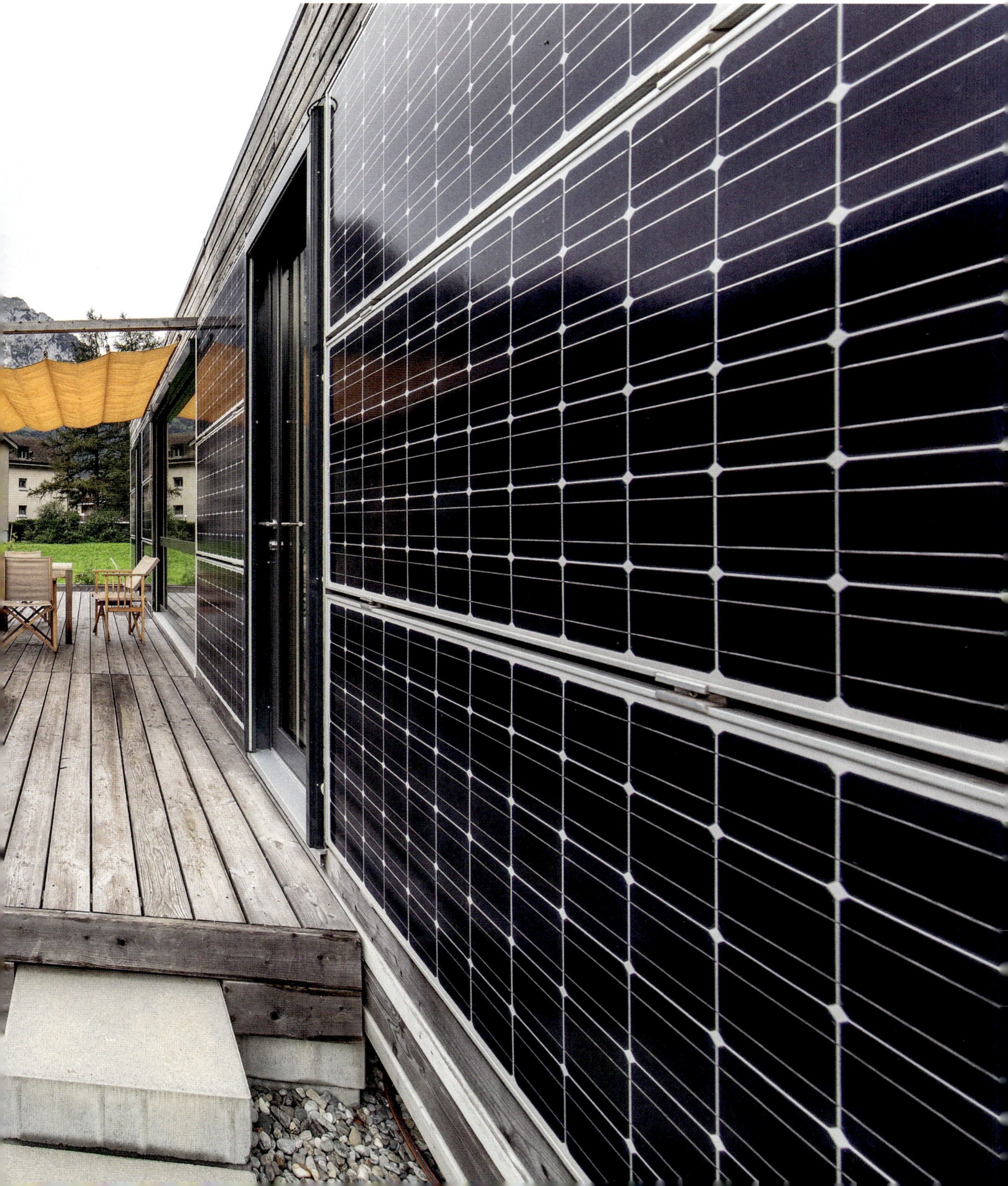

KERAMI

Das Ökominihaus der Baubiologin Tanja Schindler gibt es schon seit 2013, also lange bevor die Tiny-House-Bewegung in Europa aufkam. Tanjas Wunsch nach Reduktion und ihre Kenntnisse in Baubiologie haben sie dazu bewogen, ein Haus zu bauen, das zwar keine Räder hat, aber trotzdem verschoben werden kann (mithilfe eines Krans auf einem Tieflader).

Nach einiger Planungszeit begann der Aufbau. Tanja war es wichtig, viele Elemente aus der Baubiologie in ihrem Haus unterzubringen. Der Grundaufbau des Hauses besteht aus einem Holzständerbau mit Holzwolldämmung. Mit Abmessungen von 12 mal 3,75 Meter Außenmaß hat man im Innenraum sehr viel Platz. Die vielen Fenster und der lichtdurchflutete Innenraum lassen die 35 Quadratmeter um einiges größer erscheinen.

Ein zentrales Element im Ökominihaus ist die Wand aus Stampflehm, die den Holzofen umschließt. Diese Lehmwand hat die Funktion eines Wärmespeichers und sorgt dafür, dass das Ökominihaus auch im Winter nicht so oft geheizt werden muss. Nur etwa 1,5 Ster Holz braucht Tanja Schindler pro Jahr.

»Die Baubranche ist einer der größten Umweltsünder«, sagt Tanja Schindler. »Und mit meinem Ökominihaus möchte ich auf diese Problematik hinweisen.« Darum bietet Tanja auch regelmäßig Führungen durch ihr Haus an. So kann man sich am besten einen Eindruck von der Größe, den Materialien und der Atmosphäre machen.

Die Solarpanels wurden wegen der optimalen Nutzung im Winter an den Außenwänden des Hauses montiert. Eine Insellösung mit 3,5-Kilowatt-Speicher machen das

Separett

15

DAS WICHTIGSTE IN KÜRZE

»Ökominihaus« in Altdorf, Schweiz
www.oekominihaus.ch

Toilette
Separett Villa

Material
Holzständerbau,
Holzwolldämmung, Fichte, Lehm

Fenster
Eiche-Metall-Fenster,
dreifach verglast

Kochen
Mit Gas

Wasserversorgung
Öffentlicher Anschluss nötig

Heizung
Holzofen mit Stampflehmspeicher

Solaranlage
An den Seitenwänden mit
3,5-kW-Speicher

kleine Haus stromautark. Da ein Elektroherd ein großer Stromfresser ist, wird im Ökominihaus mit Gas gekocht. Das Wasser kommt von der kommunalen Wasserversorgung, aber das Regenwasser wird für die Gartenbewässerung gesammelt. Als Toilette kommt ein Separett Villa zum Einsatz. Die Feststoffe werden im eigenen Kompost recycelt.

Tanja Schindler produziert und verkauft inzwischen Ökominihäuser. Für 180 000 Schweizer Franken bietet sie sie schlüsselfertig an. Mit Erschließung, Fundament, Transport usw. ist allerdings mit total rund 250 000 Schweizer Franken zu rechnen.

DAS TECH TINY HOUSE

Modern, stylish und sehr leicht

Während bei vielen Tiny Houses eher »klassische« Materialien wie Holz oder Metall zum Einsatz kommen, trifft man bei Tech Tiny Houses auch Karbon oder glasfaserverstärkten Kunststoff (GFK) an. Das dreiköpfige Kernteam der Firma TechTinyHouse verfolgt in erster Linie den Ansatz der Ingenieurskunst. Daher lautet die Frage oft: Ist das verwendete Material sinnvoll? Gibt es Alternativen?

Die ursprüngliche Idee war, das größte Tiny House in Deutschland zu bauen, das trotzdem noch normgerecht ist. Das heutige Ziel der Firma ist es, den Tiny-House-Rohbau nach europäischen Vorschriften zu perfektionieren.

Im Februar 2016 wurde eine Materialdatenbank angelegt, in welche die verschiedensten Materialien eingetragen wurden. Diese Liste hatte schon nach kurzer Zeit über 500 Einträge. Danach entstanden Skizzen und über 700 Entwürfe für das erste Tiny House, es wurde gerechnet und geplant, bis dann im Januar 2018 das erste Tech Tiny House fertiggestellt wurde. Da sämtliche verwendeten Materialien bereits vorher genauestens bekannt waren und die Elemente vorgefertigt werden konnten, ließ es sich in einer extrem kurzen Bauzeit von nur einem Monat realisieren.

Betritt man das Tech Tiny House, fällt auf, dass die eine Seite des Hauses fast komplett verglast ist, während die andere Seite fast keine Fenster aufweist. Durch

DAS WICHTIGSTE IN KÜRZE

TechTinyHouse in Stuttgart,
Deutschland
www.techtinyhouse.de

Toilette
Komposttoilette oder
Verbrennungstoilette

Material
Fichte, Wabenmaterial,
Holzweichfaserdämmung,
Polyurethane, Polystyrol

Kochen
Mit Strom oder Gasherd

Wasserversorgung
Anschluss vom Haupthaus

Heizung
Klimaanlage

die großen Fensterflächen dringt sehr viel Licht ein, und durch die Raumhöhe entsteht ein sehr offenes Raumgefühl.

Für den Aufbau kommen Konstruktionsvollholz aus Fichte und Brettschichtholz zum Einsatz. Während man beim ersten Tech Tiny House noch Kunststofffenster benutzte, möchte man in Zukunft eher Holz-Alu-Fenster einsetzen.

Neben dem kompletten Tiny House kann man bei TechTinyHouse auch nur einzelne Komponenten beziehen: Chassis, Ständerwerk oder Gebäudehülle sind so auch für eigene Projekte nutzbar. Auch statische Berechnungen kann man von TechTinyHouse durchführen lassen.

Die Firma TechTinyHouse verfolgt, was die Materialien angeht, einen anderen Ansatz als viele Tiny-House-Hersteller: Es werden häufig neue technische Materialien eingesetzt, die sonst eher unbekannt oder wenig genutzt werden – zumindest bei Tiny Houses. Hier können sich Interessierte einen guten Überblick über Materialien und Lösungen verschaffen.

Das Tech Tiny House ist dank der modernen Technologien und der speziellen Bauweise das größte Tiny House auf Rädern in Europa. Mit einer Länge von 10,7 Meter und einem Gewicht, das 3,5 Tonnen nicht überschreitet, ist es etwas sehr Besonderes. Seine Hersteller haben das Problem gemeistert, unter 3,5 Tonnen zu bleiben, damit man das Tiny House noch mit einem Auto ziehen kann, und trotzdem knapp über 10 Meter Länge zu erreichen. Denn zur Gewichtsreduzierung wird sonst oft die Länge des Hauses begrenzt. Es gibt kaum ein Tiny House, das unter 3,5 Tonnen schwer und dabei über 10 Meter lang ist!

DIE KLEINE ARCHE

Mario Rampitsch

Hallo

Mario Michael Rampitsch bezeichnet sich selbst als Karriereabbrecher. Irgendwann auf der Karriereleiter kam ihm die Erkenntnis, dass sein Leben, so wie es war, nicht alles sein konnte. Er wollte zurück zum einfacheren Leben, zu Reduktion und Verlangsamung. Er wollte einen Rückzugsort in der Natur. Und so war die Idee für seine »Arche« geboren.

Mario begann mit der Planung, und schon von Anfang an war klar, dass er seine Arche selbst bauen wollte. Es sollte kein Fertighaus sein. Es sollte auf vorhandenen Materialien gebaut werden, und es sollte, nein, durfte nicht mehr als 15 000 Euro kosten.

In seinem Buch »Eine Arche bauen« beschreibt er seine Schritte von den ersten Gedanken zu den ersten Skizzen und weiter bis zur konkreten Umsetzung. Über vieles musste er sich Gedanken machen. Und oft fand er eigene Lösungen und Wege – durch die Zusammenarbeit mit örtlichen Handwerkern oder mithilfe von Informationen aus dem Bekanntenkreis. Er hat sich bewusst nicht im Internet Hilfe geholt, sondern seinen eigenen Weg gesucht – und gefunden.

Seine Arche ist ein außergewöhnliches Tiny House, das ihm als neues Zuhause für ihn und seine Familie dient. Die »Kabine« in der Mitte, also das erste Stockwerk, ist ein Beispiel für außergewöhnliche Handwerkskunst, denn sie kann im Wagen unten versenkt werden.

Auch sonst ist die »Arche« etwas anders gebaut als ein klassisches Tiny House. Sie ist breiter als ein normales Tiny House und lässt sich deswegen auf der Straße nicht ohne Bewilligung über längere Strecken transportieren. Auch das war eine bewusste Entscheidung von Mario Rampitsch, denn er will sein Zuhause gar nicht über weite Strecken transportieren.

C

PERAS
ARGENTINAS

DAS WICHTIGSTE IN KÜRZE

Mario Michael Rampitsch,
in Lebring St. Margarethen,
Österreich

Informationen gibt es unter:
www.einearchebauen.com

Anfang

Bei der Planung muss man sich über vieles Gedanken machen: Was sind meine Bedürfnisse? Wo kann ich Kompromisse eingehen, und was ist mir wichtig? Was muss alles berücksichtigt werden, und was sind die einzelnen Schritte? Ein solcher Planungsprozess kann auch Angst machen. Viele Entscheidungen sollte man treffen, bevor man mit dem Bauen beginnt, da nachträgliche Anpassungen oft nur schwer oder gar nicht mehr möglich sind. In diesen Entscheidungsprozess gibt Mario Rampitschs Buch einen guten Einblick. Auch der Bauprozess wird im Buch umfangreich beschrieben: vom Grundaufbau des Tiny House über die verwendeten Materialien bis zur Inneneinrichtung. Das Buch ist aber nicht nur eine Anleitung. Es ist Inspiration und Wegbegleiter. Es zeigt, wie man ein so großes Projekt realisieren und dabei noch ein sehr knappes Budget einhalten kann.

DAS HOLZLABOR

Umbau, Neubau und Hilfe beim Selbstbauen

200

DAS WICHTIGSTE IN KÜRZE

Genossenschaft Holzlabor
in Thalheim an der Thur, Schweiz
www.holzlabor.org

Material
Holzständerbau, Holzwolldämmung, Lärche, Esche, Pappel, Tanne

Toilette, Kochen, Wasserversorgung und Heizung
Je nach Kundenwunsch

Das Holzlabor ist eine Genossenschaft, die sich auf den Bau von Wagen spezialisiert hat. Seit 2004 entstehen dort Unikate, es wird aber auch alten Wagen wieder neues Leben eingehaucht. Tobias Jordi ist Betriebsleiter und Initiator der Firma, und er hilft selbst aktiv bei den Umbauten mit.

Das Holzlabor versteht sich als Vermittler. Es hilft bei der Planung und der Ideenfindung und zeigt auf, wo Grenzen, aber auch Möglichkeiten sind. Gearbeitet wird nach einem Schreinerkodex, bei dem das Praktizieren und Fördern von klassischem Handwerk im Zentrum steht. Abgesehen vom Lärchenholz, das aus Bergün im Schweizer Kanton Graubünden stammt, werden nur Hölzer aus der Region genutzt. Zum Einsatz kommen oft

Esche für die Grundkonstruktion, Pappel für die Unterdachschalung, Tanne für die Außenschalung und Eiche für die Einfassungen oder auch für die Fenster.

Die Bögen für die Decke werden im Holzlabor gebogen. Eine Handwerkskunst, die immer mehr verloren geht. Denn damit die Holzbögen einen möglichst geringen Querschnitt haben, ist das richtige Holz und viel Feingefühl vonnöten.

Die Grundkonstruktion wird beidseitig verkleidet. Die Außendämmung ist hinterlüftet und wird dann mit horizontalen Schalungsbrettern verkleidet. Für das Dach kommt oft ein Kupferblech zum Einsatz, bei dem die Dachrinne gleich integriert ist. Die Fenster werden entweder selbst hergestellt, oder der Wagen wird so angepasst, dass bestehende Fenster integriert werden können. Bei selbst hergestellten Fenstern wird darauf geachtet, dass diese nach außen zu öffnen sind.

SPAX

Neben dem Umbau von alten Wagen und dem Aufbau und dem Verkauf von Neuwagen bietet das Holzlabor auch Plätze an, an denen man einen Umbau selbst durchführen kann. So bekommt man die Möglichkeit, Infrastruktur, Werkzeug und Material zu nutzen, und wenn beim Bauen Hilfe benötigt wird, kann einer der sechs Mitarbeiter zu Rate gezogen werden.

Da der Wagen und der Innenausbau sehr flexibel erstellt werden können und bei Holzlabor auf die individuellen Kundenwünsche eingegangen wird, gibt es keine fixe Liste von Materialien, die eingesetzt werden.

EIN ERFAHRUNGSBERICHT

SIE SCHRUMPFEN IHR LEBEN

In einem alten Busdepot bauen Daniela Eckstein und Sebastian Koelman an ihrem Traum, einem Zuhause auf Rädern.

Hinten in einer Ecke des alten Busdepots Deutweg steht ein graues Sofa. Es gehört Daniela Eckstein und Sebastian Koelman und stammt aus der Zeit, als die beiden noch in einer 3½-Zimmer-Wohnung in Winterthur lebten. Schön sei sie gewesen, erinnert sich Eckstein, aber eigentlich zu groß: »Schließlich kann man immer nur in einem Zimmer gleichzeitig sein.« Und so kam es, dass das Paar an den Abenden jeweils auf eben diesem Sofa im Wohnzimmer saß, während Büro, Schlafzimmer und Küche dunkel blieben. In ihnen erwachte der Wunsch nach einem Leben auf kleinerem Fuß, dafür mit mehr Freizeit. Um sich den Traum eines sogenannten Tiny House zu erfüllen, zogen sie zurück zu den Eltern in ihre jeweiligen Kinderzimmer und reduzierten ihre Pensen. Daniela Eckstein, die als Pflegefachfrau für die Evangelische Spitex in Winterthur arbeitet, auf fünfzig Prozent. Sebastian Koelman, der beim Musikkollegium Winterthur und bei der Winterthurer Band Sebass Posaune spielt sowie an der Musikschule Prova unterrichtet, nahm ein Urlaubssemester. Im Internet fanden sie ein gebrauchtes Fahrgestell für 1700 Franken – und Tobias Jordi von Holzlabor, eine auf den Bau von Wagen spezialisierte Werkstatt.

Anfangs schwebte ihnen ein Tiny House im amerikanischen Stil vor. Diese sehen mit ihren Giebeldächern und Details tatsächlich wie geschrumpfte Häuser aus. Trotzdem waren sie von den Wagen des Holzlabors, die mit ihren runden Dächern eher an Zirkus oder Jahrmarkt erinnern, sofort begeistert. Das lag nicht zuletzt auch am Konzept, das auf die Mitarbeit der Kunden setzt. »Wir wollten so viel wie möglich selbst machen«, sagt Koelman. Dabei hätten sie handwerklich extrem viel gelernt, ergänzt Eckstein: »Es ist ein ganz anderes Gefühl, wenn man etwas selber baut.« Ohne Eigenleistung würde ein komplett eingerichteter Wagen deutlich mehr kosten als die 76 000 Franken, die sich das Paar als Budget gesetzt hat. Wenig helfen konnten die beiden beim Bau des Wagenskeletts, wobei die Holzbogen besonders kompliziert sind: Nachdem die Fachleute das Holz – meist Esche – ausgewählt und zugeschnitten haben, prüfen sie die Faserrichtung, hobeln es, weichen es ein, dämpfen es und ziehen es für zwei Monate auf Formen auf. Das Gerüst selbst bauten sie dann im alten Busdepot zusammen – ohne Schrauben, da diese die Konstruktion beim Bewegen des Wagens verziehen können. Stattdessen verwendeten sie traditionelle Schlitz-Zapfen-Verbindungen und Holznägel. So richtig zum Zug kam das junge Paar dann beim Bodenlegen, Dämmen und Verkleiden.

Ein Loch im Dach markiert, wo der Kamin des geplanten Holzofens hinkommt. Ansonsten fehlen praktisch nur noch die Außenverkleidung, das Blechdach sowie die Innenausstattung mit dem ausziehbaren Bettsofa am einen Ende und dem Kompostklo am anderen. Dazwischen ein kleiner Kühlschrank und eine Kochnische. Kaum Platz brauchen sie hingegen für persönliche Gegenstände: »Unsere Kleider passen jetzt in je eine Schublade«, sagt Eckstein stolz. Vieles haben sie nach der Wohnungsauflösung verkauft oder verschenkt. Wie etwa die ganzen Bücher, die sie ohnehin kein zweites Mal lesen. Vermisst haben sie bis jetzt noch nichts: »Man muss einfach einen unemotionalen Moment abwarten, um die Sachen wegzugeben«, so Eckstein. Im nächsten Frühling soll der Wagen fertig sein, und in die Vorfreude mischt sich ein wenig Wehmut: »Wir hatten eine tolle Zeit hier und haben viele neue Leute kennen gelernt«, sagt Koelman. Etwa die Nachbarn im Depot, die ebenfalls an ihren Wagen werkeln. Den Informatiker, der achtzig Prozent arbeitet, haben sie mittlerweile überholt. Auf der anderen Seite der Halle baut ein Landschaftsarchitekt, der hobbymäßig Schnaps brennt, einen Degustationswagen.

Mit dem Wagen will das junge Paar vorerst nicht auf Weltreise gehen, sondern ein schönes Plätzchen in der Region Winterthur finden. Über den lokalen Stammtisch des Vereins Kleinwohnformen konnten sie sich mit einem Tiny-House-Bewohner aus Aadorf austauschen. Allerdings müssen von Gemeinde zu Gemeinde andere Voraussetzungen für eine Baubewilligung erfüllt werden. Noch wissen Daniela Eckstein und Sebastian Koelman nicht, wo sie einmal wohnen werden. »Ein ruhiges Plätzchen mit Umschwung wäre schön«, sagt sie. »Wir stellen es uns schon sehr romantisch vor«, sagt er. Sicher ist nur: Wenn der Wagen einmal weg ist, bleibt das Sofa im alten Busdepot zurück.

Delia Bachmann

TINY HOUSE DES AUTORS

Vom Umbau eines Zirkuswagens

Meine Hinwendung zum Tiny House entsprang nicht dem Wunsch nach Reduktion. Denn reduziert hatte ich schon: Möbel, Einrichtungsgegenstände und anderes mehr. Aber dann habe ich gemerkt, dass ich den Raum, der mir zur Verfügung stand – das war eine große Loftwohnung –, nicht mehr brauchte. Sie wurde mir schlicht zu groß. Und so überlegte ich, was ich daran ändern könnte, ohne dabei auf mir Wichtiges verzichten zu müssen. Die erste Idee war, in einem VW-Bus zu leben. Das war aber für mich im Winter unvorstellbar, und daher kam ich auf die Idee eines Tiny House.

Das war im August 2015. Damals gab es nur sehr wenige Anbieter von Tiny Houses in Europa, die meisten Informationen darüber habe ich auf amerikanischen YouTube-Kanälen gefunden. Ich begann in meinem Blog darüber zu schreiben, traf mich mit einem Architekten, einem Anhängerbauer und war schon kurz davor, mir einen Anhänger zu bestellen, als mir ein alter Zirkuswagen angeboten wurde. Alt, mit kleinen Fenstern und unpraktischem Innenausbau, aber mit dichtem Dach und in noch gutem Zustand. Ich beschloss, den Zirkuswagen zu kaufen und ihn umzubauen. Meine Wohnung habe ich auf März 2016 gekündigt, um das so gesparte Geld in den Umbau des Wagens zu investieren. Während dieser Zeit habe ich dann doch in einem VW-Bus gelebt.

Ohne handwerkliche Vorkenntnisse habe ich mich an den Umbau gewagt. Erst riss ich den Innenausbau heraus und habe mir dann überlegt, wo neue Fenster und Türen eingesetzt werden könnten. Befreundete Handwerker haben mir geholfen, sie haben mir erklärt, wie Isolationen, Dampfsperren und andere Installationen funktionieren. Für die Isolation der Decke habe ich sowohl Steinwolle als auch Holzwolle eingesetzt, für die Bodenisolation Polystyrol-Hartschaum-Platten verwendet. Es gab Rückschläge und blutige Finger. Aber auch viel Freude und positive Rückmeldungen zu meinem Projekt.

Ich hatte das Glück, dass es im Dorf einen Fensterbauer gab und ich einen Teil der Fensterherstellung selbst begleiten durfte. Es sind dreifach verglaste Fenster, und ein Teil davon lässt sich nach außen öffnen. Als Bodenbelag habe ich ein dunkles Eichenparkett gewählt, während ich an den Wänden eine weiß lasierte Täfelung anbrachte. Das ergab einen schönen Kontrast und viel Helligkeit.

Die Küche habe ich von einem Küchenbauer (ebenfalls im Dorf) herstellen lassen, und die restlichen Installationen wie Strom, Gas, Wasser oder der Holzofen wurden von mir oder von Freunden eingebaut.

Ein Jahr nach Baubeginn bin ich eingezogen. Vieles war noch nicht ganz fertig oder ich wollte es noch optimieren, aber nun wohnte ich tatsächlich in einem Zirkuswagen.

Während der Umbauzeit habe ich zahlreiche Videos auf YouTube veröffentlicht und war immer wieder in der Presse vertreten, was zu spannenden Begegnungen und unzähligen Besuchern führte. Dabei tauchten immer wieder dieselben Fragen auf: Wie funktioniert die Toilette? Wie ist der Wagen isoliert? Ist es im Winter kalt? Heiß im Sommer?

Mein Wagen ist noch nicht fertig. Er wird es wohl nie ganz sein. Immer wieder probiere ich neue Sachen aus. Teste andere Heizungsmöglichkeiten, erprobe unterschiedliche Solarpanels (oft ist der VW-Bus mein Versuchsobjekt) und optimiere die Innenausbauten.

Im März 2019 bin ich das erste Mal mit meinem Tiny-House-Zirkuswagen umgezogen, und es hat bestens geklappt. Am neuen Ort angekommen, habe ich festgestellt, dass meine Solaranlage komplett anders positioniert werden muss. Und da der Wagen nun unter einem Baum steht und nicht mehr wie vorher auf freiem Feld, gibt es im Inneren wesentlich geringere Temperaturschwankungen. Diese Erfahrungen zeigten mir, dass jedes Tiny House, jeder Standort und jede Bauform anders ist und es keine allgemeingültigen Lösungen für alle gibt. Es hilft, wenn man sich viele Ideen, Lösungen und Entwicklungen ansieht und dann überlegt, welche davon für das eigene Projekt passend sein könnten.

Im Sommer 2018 habe ich mit einigen Freunden den Verein »Kleinwohnformen« (www.kleinwohnformen.ch) mitbegründet. Ziel des Vereins ist es, die Tiny-House-Bewegung in der Schweiz voranzutreiben, eine gesetzliche Grundlage zu schaffen und die verschiedenen Menschen zusammenzubringen. Im Herbst 2019 zählte der Verein bereits über 1000 Mitglieder.

DAS WICHTIGSTE IN KÜRZE

Kevin Rechsteiner,
Zürcher Unterland, Schweiz
www.kevinrechsteiner.com

Toilette
Separett Villa

Material
Außenwände bestehend, Innenausbau mit Fichte (Täfelung), Eichenparkett

Isolation
Stein- und Holzwolle

Strom
Festanschluss vom Haupthaus bzw. flexibel aufstellbare Solaranlage (1000 Watt)

Kochen
Gasherd mit zwei Brennern

Wasserversorgung
Anschluss vom Haupthaus bzw. 400-Liter-Wassertank

Heizung
Holzofen Pluto von Globe Fire

EIN UMBAUTAGEBUCH

1 Das erste Bild des Zirkuswagens entstand am 30. Dezember 2015. Damals wurde der Wagen auf dem Lindenhof in Buchberg abgestellt und ich konnte ihn besichtigen.

2 Diese Badewanne nahm den mittleren Teil des Wagens ein. Es war für mich sofort klar, dass der bestehende Innenausbau komplett neu gemacht werden muss.

3 Im März 2016 habe ich alle vorhandenen Innenausbauten entfernt: Elektro- und Wasserleitungen, Toilette und Badewanne, viel Täfelung und Tausende Nägel. Nun stehe ich in einem leeren Raum.

4 Ende März erhalte ich auf einem Bauernhof einen neuen Standort. Dies würde mein Platz für die nächsten drei Jahre sein, aber das wusste ich damals noch nicht.

5 Die Isolationsphase beginnt. Die Decke ist mit Stein- und Holzwolle isoliert, die Böden mit Isolationsplatten.

6 Ich warte auf die Fenster. Ich habe sie viel zu spät bestellt und musste eine Lieferzeit von fast zwei Monaten abwarten. Während dieser Zeit steht die Baustelle still.

7 Im August 2016 sind die Fenster eingebaut. Der Umbau kann weitergehen.

8 Mittlerweile wurde es auch rund um den Wagen etwas grüner.

EIN UMBAUTAGEBUCH

9 Die Dampfsperre wird montiert, anfangs noch ein wenig unbeholfen und mit vielen Korrekturen.

10 Das große Fenster hat sich bewährt. Es lässt viel Licht in den Wagen und bietet einen tollen Ausblick.

11 Zuerst kommt die Täfelung an die Decke …

12 … und im Oktober noch an die Wände. Dahinter sind die Stromkabel und die Wasserleitungen verlegt.

13 Langsam erkennt man das Tiny House. Bald kann die Arbeit am Parkettboden beginnen.

14 Mitte Januar 2017 ist das Parkett verlegt.

15 Der Ofen wird angeliefert. Er muss nur noch montiert werden. Die Stahlplatte unter und hinter dem Ofen sind sowohl Brandschutz als auch Gestaltungselement.

16 Ende Januar 2017 ist der Ofen in Betrieb.

17

21

18

22

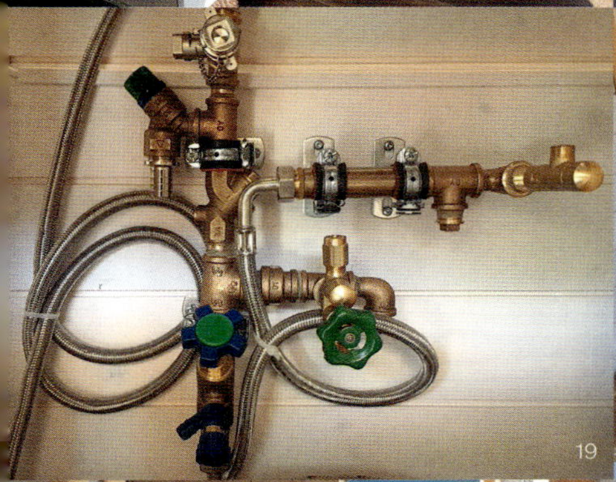

19

23

20

24

EIN UMBAUTAGEBUCH

17 Es nimmt kein Ende. Gerade scheinbar kleine Arbeiten brauchen viel Zeit und Geduld.

18 Im April 2017 kommt die Küche. Mittlerweile ist die Strominstallation beendet, und die Trockentoilette ist installiert.

19 Es folgt die Wasserinstallation für Küche und Bad.

20 Die Dusche wird eingebaut.

21 Im Mai 2017 wird es wohnlich. Die ersten Möbel kommen, es wirkt durchaus schon als Wohnraum. Ich übernachte das erste Mal in meinem Tiny House.

22 Es folgt der Bau der Terrasse (die flächenmäßig größer ist als das Tiny House selbst). Dafür werden alte Paletten genutzt. Fließendes Wasser ist über einen Fixwasseranschluss vorhanden.

23 Die Abdeckung für die Küche kommt, und die Gasbrenner können installiert werden.

24 Das Tiny House bekommt noch weitere kleine Anpassungen und Optimierungen. Ich lebe aber seit Mai 2017 komplett darin. Verbessern kann man allerdings immer etwas!

DAS TINY HOUSE VON ATHOS BINDA

Ein Rückzugsort

Dieses Tiny House ist nicht dazu gedacht, dort dauerhaft zu wohnen, es soll vielmehr als Rückzugsort vom Alltag dienen. Darum wurde auch die Breite von fast drei Metern gewählt, die einen Transport auf öffentlichen Straßen schwieriger macht, der Behausung aber zusätzlichen Platz im Inneren verleiht.

Auffallend sind die zwei großen Fensterfronten und die eingemittete Tür. Die verspiegelten Fenster lassen das Haus fast transparent erscheinen und bieten von innen einen großartigen Blick auf die Landschaft.

Sowohl im Inneren als auch für die Außenwände wurde Holz verwendet. Die Fenster, die vom Boden bis zur Decke reichen, lassen viel Licht ins Innere. Hinter beiden Fenstern verbergen sich große Räume: ein Aufenthaltsraum und ein Schlafzimmer; und in der Mitte werden eine Küche und ein Bad Platz finden.

Der Umbau ist noch im Gange, da alles selbst gemacht wird. Es besteht aber auch kein fester Zeitplan und kein Druck. Zudem ist es Athos wichtig, gewisse Sachen selbst zu entwickeln und sich auszudenken. So ist zum Beispiel das Schloss für die Eingangstür eine komplette Eigenentwicklung.

Das Tiny House von Athos Binda ist also kein gewöhnliches Tiny House, es zeigt vielmehr auf, was möglich ist, wenn man sich nicht an die Regeln hält. Die Fenster sind zu groß, der Wagen zu breit, die Wände zu massiv. Und trotzdem ist dieses Tiny House ein tolles Konzept für eine Ferienwohnung!

DAS TOGO TINY HOUSE

Mit einzigartigem Lichtdesign

Die Idee hinter dem TOGO Tiny House ist schnell erzählt. Rebekka Ott hatte den Wunsch, in einem Tiny House zu leben. Da aber kein Anbieter ihre Anforderungen erfüllen konnte, war der Entschluss schnell gefasst. Zusammen mit Florian Rastetter wollte sie ihr eigenes Tiny House bauen. Rebekka ist Raum- und Objektdesignerin, und Florian ist Hochbaufacharbeiter und Elektroniker. Die Bedingungen waren also perfekt.

Schon in der Planungsphase war beiden klar, dass sie auf regionale, ökologische und nachhaltige Produkte setzen wollten. Inspiriert durch den Schwarzwald und die positiven Eigenschaften der dort häufig vorkommenden Weißtanne wurde diese zum Hauptbaustoff ihres Tiny House.

DAS WICHTIGSTE IN KÜRZE

Florian Rastetter und Rebekka Ott, Breisach am Rhein, Deutschland
www.togo-tinyhouse.de

Toilette
Trockentrennsystem

Material
Weißtannenholz aus dem Schwarzwald

Kochen
Mit Gas

Wasserversorgung
Externer Anschluss, Wassertank, Filtersystem (je nach Wunsch)

Heizung
Pelletofen (2 bis 6 kW)

Ein wichtiger Aspekt war aber auch das Design. Klare Linien, großzügige Fenster und ein gutes Lichtkonzept. Das TOGO Tiny House ist ein Designobjekt, aber ohne Allüren. Es wurde gebaut, um darin zu leben, und nicht nur, damit es schön aussieht. Auf den ersten Blick merkt man nicht, wie viel Überlegungen in die einzelnen Elemente geflossen sind, aber bei genauerer Betrachtung fällt es dann doch auf. Die Fenster beispielsweise sind nahtlos in die Außenfläche integriert. Es gibt keine Zierleisten, keine unterschiedlichen Abstände, keine Ausbesserungen.

Das Lichtkonzept wurde mit einem Lichtdesigner erarbeitet, die Beleuchtung ist direkt in die Fensterrahmen eingelassen. Durch diese indirekte Beleuchtung und die großen Fenster wirkt das TOGO Tiny House sehr großzügig und offen, und es entsteht ein angenehmes, aber helles Licht im ganzen Raum.

Das hier gezeigte erste TOGO Tiny House ist auf die Bedürfnisse von Rebekka abgestimmt. Da Rebekka und Florian nun auch weitere Tiny Houses bauen und die Bedürfnisse der Kunden unterschiedlich sind, wird es keine zwei gleichen TOGOs geben. Die Länge (es wird drei Längen geben), die Raumeinteilung, die Fensterpositionen usw. werden in der Planungsphase bestimmt – hilfreich ist hierzu ein 3-D-Modell, mit dem man einen Eindruck von Größe und Proportionen bekommt.

Das TOGO kann auf Wunsch mit Solaranlage bzw. Wasseraufbereitungsanlage erstellt werden, kombiniert mit einer Trockentoilette und einem Pelletofen.

DER WOHLWAGEN

Ein moderner Hybrid mit Einklappmöglichkeiten

Der Wohlwagen ist ein moderner Hybrid, der sich irgendwo zwischen einem Zirkuswagen und einem Tiny House einordnen lässt. Das einfachste der sechs Modelle, die Alex Borghorst zum Kauf anbietet, hat eine Fläche von 23 Quadratmetern. Der größte seiner Wagen mit drei Fahrgestellen, die aneinander gebaut werden, kommt auf eine Gesamt-Wohnfläche von 76 Quadratmetern.

Alex Borghorst hat zu Studienzeiten einen Zirkuswagen gekauft und umgebaut und dabei gemerkt, dass eine rege Nachfrage nach solchen Wohnlösungen herrschte. So begründete er damit sein Geschäft.

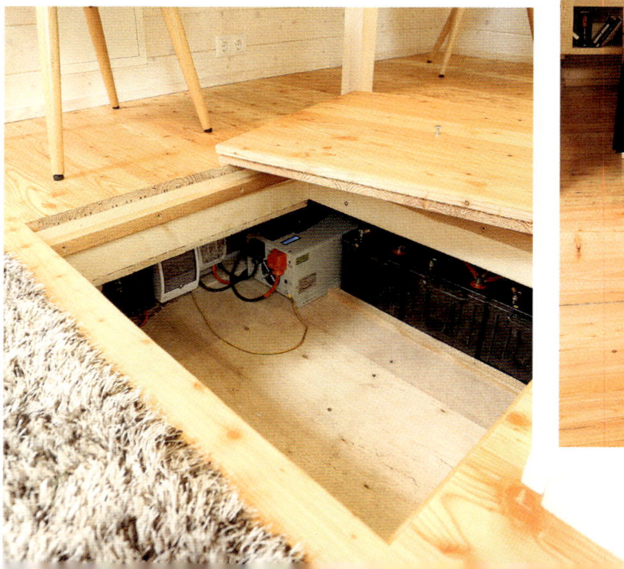

Die Idee des Wohlwagens ist, einen Rückzugsort zu schaffen, ob für kreative Tätigkeiten, als Büroraum oder zum Wohnen. Wichtig sind bei Borghorsts Wohlwagen die individuellen Einrichtungswünsche, die sich je nach Zweck anpassen lassen.

Große Teile des Wagens fertigt Borghorst selbst an, er kauft keine Teile ein. Das Holz wird aus umliegenden Wäldern gekauft und im Betrieb verarbeitet. Es werden vor allem Lärche, Kiefer und Eiche verwendet. Die Fenster werden aus Lärchenholz hergestellt. Isoliert wird mit Schafschurwolle oder Mineralwolle. Geheizt wird mit einem Holzofen oder mit einer Elektroheizung. Laut Hersteller ist für das Heizen pro Jahr etwa mit einem Verbrauch von 3 Kubikmeter trockenem Laubbrennholz zu rechnen.

DAS WICHTIGSTE IN KÜRZE

Alex Borghorst in Göttingen, Deutschland
www.wohlwagen.de

Toilette
Separett Villa

Material
Lärchen-, Kiefern- und Eichenholz

Kochen
Mit Gas (2 oder 4 Flammen) oder Induktionsherd

Wasserversorgung
Direktanschluss oder zwei 150-Liter-Wassertanks

Heizung
Holzofen, alternativ auch Elektroheizung

Ein Merkmal der Wohlwagen sind die Erker, welche die Grundfläche nochmals um einige Quadratmeter vergrößern. »Mittels demontierbarer, höhenverstellbarer Stützräder und einem Rollensystem in Wand und Boden lässt sich der Erker zum Transport des Wagens von zwei Personen in den Wagen schieben. Oberhalb des Erkers ist an der Wagenwand ein Klappdach montiert. Wird der Erker in den Wagen geschoben, verschließt es die Wandöffnung für den Erker. Ist der Erker ausgefahren, überragt das Dach zur Regenableitung die Wände.«

Auch eine Klappterrasse ist vorhanden, die sich für den Transport ebenfalls im Wagen verstauen lässt.

Als Toilette kommt das Separett Villa zum Einsatz, und gekocht wird standardmäßig mit Gas. Dabei kann man wählen, ob man zwei oder vier Brennflammen einbauen möchte. Auch ein Keramikkochfeld ist möglich. Beim Heizofen gibt es ebenfalls viele Möglichkeiten: Vom klassischen Holzofen bis zu einem Ofen mit Wassererwärmung ist vieles möglich. Alternativ kann das Wasser über einen Elektro- oder Gasboiler erhitzt werden.

Der Wohlwagen ist ein vielseitiges Tiny House, das sich sehr individuell nach den eigenen Bedürfnissen zusammenstellen lässt und sehr skalierbar ist.

FIONA BAYER UND IHR TINY HOUSE

Auch ein Laie kann es

DAS WICHTIGSTE IN KÜRZE

www.tiny-house-projekt.ch

Toilette
Separett Villa

Material
Fichte (Vollholz), Fassade: Nordische Tanne

Isolation
Glaswolle, da Holzwolle zu schwer wurde

Fenster
Doppelverglasung

Ein paar Kilometer von Zürich entfernt steht auf einer großen Wiese neben einem Bauernhaus und einer Jurte das Tiny House von Fiona Bayer. Einige große Bäume umgeben das kleine Häuschen, das sich mit seinen warmen Farben nicht ganz in die Landschaft eingliedern mag, und in der Nähe grasen Hochlandrinder.

Das Tiny House fällt auf, obwohl es von der Straße her nicht sichtbar ist und das hochgewachsene Gras mittlerweile auch die Räder und den Anhänger verdeckt.

Fiona ist Studentin und hat im November 2016 mit dem Bau ihres Tiny House angefangen. Der Gedanke einer reduzierten Lebensform kam ihr im Frühling 2015 während einer Vorlesung. Bereits einige Monate später entstanden die ersten Skizzen, CAD-Zeichnungen und Entwürfe. Es war ihr wichtig, ihr Tiny House komplett im Voraus zu planen, da sie bis zum Baustart nur geringe handwerkliche Kenntnisse und Fähigkeiten hatte. Ein genauer Plan und Detailzeichnungen sollten ihr Sicherheit beim Bauen geben.

Ebenfalls wichtig war es ihr, das Wissen, das sie sich über die Monate des Planens und während des Bauens erarbeitet hatte, zu teilen. Sie begann, in einem Blog in

regelmäßigen Abständen über den Bauprozess, die verwendeten Materialien und ihre Gedanken zu berichten. Am 24. November 2016 war es soweit. Der Anhänger traf bei ihr ein, und sie konnte mit dem Bau beginnen. Neben dem Studium verbrachte sie viele Stunden um, auf und irgendwann auch im Tiny House.

Nach genau einem Jahr schreibt Fiona in ihrem Blog: »Seit dem 24. November 2016 habe ich 286 Stunden am Tiny House gebaut, circa 1 Tag pro Woche für Bestellungen, Offerten, Recherche und Transporte verwendet, bin an 68 Tagen draußen beim Tiny House am Werkeln gewesen, habe pro Bautag durchschnittlich etwas mehr als 4 Stunden gebaut, habe im Durchschnitt immer zu zweit am Tiny House gearbeitet, konnte auf die unglaublich geschätzte Hilfe von 31 Freunden und Freundinnen, alten und neuen Bekannten zählen, habe laut meiner Excel-Tabelle 23 197,42 Franken dafür ausgegeben (ein paar Autofahrten und vor allem die Stellplatzmiete noch nicht eingerechnet), habe schließlich zu meiner Freude viele Mails und Besuche von interessierten Menschen bekommen!«

Ein Tiny House zu bauen, braucht Zeit. Zeit und Geduld, vor allem dann, wenn man sich mit den verschiedenen Aufgaben, die ein Tiny-House-Bau mit sich bringt, nicht auskennt. Anfangs fehlen bestimmte Schrauben, man hat zu wenig Material, oder es fehlt sonst irgendetwas, sodass man nicht weiterbauen kann. Das braucht Ausdauer. Und Fiona hatte sie.

Im Herbst 2019 ist das Tiny House – was den Außenaufbau betrifft – fertig. Der Innenausbau fehlt noch, muss aber aufgrund eines Auslandaufenthalts etwas warten. Doch Fiona ist zuversichtlich: Es dauert, solange es dauert. Ihr bisher verbrauchtes Zeitbudget ist unter: www.tiny-house-projekt.ch/mein-projekt/aktuell-zeitbudget zu sehen.

TINY HOUSE

MARTIN RAPOLDS

Ruhe finden

Martin Rapold ist seit seinem Debütfilm »Exklusiv«, der 1999 ins Kino kam, als Schauspieler bekannt und hat seither in vielen großen Kino- und Fernsehproduktionen mitgewirkt (»Achtung, fertig, Charlie!«, »Snow White«, »Schellen-Ursli«).

Seine Entscheidung, in einem Zirkuswagen zu wohnen, kam eher spontan als geplant. Weil ein Freund von ihm in Urlaub war, hatte er drei Monate in dessen Wohngemeinschaft in der Nähe von Zürich gelebt. Martin gefiel es dort so gut, dass er noch länger bleiben wollte. René Sarge, ein Mitbewohner, der zu dieser Zeit Zirkuswagen umbaute, meinte: »Dann nimm dir doch einen Zirkuswagen, und wohne darin.« Da zu diesem Zeitpunkt gerade ein Wagen zum Verkauf stand, war die Entscheidung schnell getroffen, und schon wenige Monate später wohnte Martin in einem Wagen, den René nach Martins Vorstellungen umgebaut hatte.

76
DENIM & IRON
vanson
Leathers
CYCLERY
Cannon BALL

Toilette und Dusche hat er bewusst weggelassen, da ihm so mehr Platz im Wagen bleibt und er im danebenliegenden Haupthaus die Sanitäranlagen zur Verfügung hat. Ein kleines Waschbecken mit fließendem Wasser ist aber vorhanden. »Das reicht mir«, meint Martin.

Beim Austausch der Fenster hat sich Martin bewusst für ältere Fenster entschieden, die dem Wagen etwas Verträumtes geben; das große Fenster in der Mitte bietet einen tollen Ausblick. Der ganze Wagen ist sehr wohnlich eingerichtet, er erinnert mit den alten Möbeln, dem Ledersessel und dem Holzofen in der Mitte ein bisschen an einen Zigeunerwagen. Der dunkle Holzboden und die hellen Wände passen gut zur Einrichtung.

Martin sieht sich selbst nicht als Minimalist. Er ist begeisterter Motorrad- und Autofahrer und möchte darauf nicht verzichten. Die Wohnfläche im Wagen reicht ihm, und es gibt ja noch das Haupthaus, in dem er sich aufhalten kann. Aus einer anfänglichen »Notlösung« wurde bei ihm eine Lebensweise.

Neben dem Wagen von Martin steht ein weiterer Bauwagen, der auch ein Werk von René Sarge ist. Dieser Wagen wird gerade etwas angepasst, da das Paar, das den Wagen bewohnt, ein Kind erwartet.

Bei einem Besuch diskutiere ich mit Martin über Fragen wie: Macht Reduktion glücklich? Ist es ein Widerspruch, in einem Bauwagen zu wohnen und ein Auto und ein Motorrad zu besitzen? Muss ein Bauwagen oder ein Tiny House autark sein? Die Quintessenz des Gesprächs: Es geht ihm wie vielen Tiny-House-Bewohnern darum, auf der reduzierten Wohnfläche Ruhe zu finden. Ein kleines Paradies, einen Rückzugsort.

Nähere Informationen unter: www.martinrapold.com

the WAR of ART

EIN ERFAHRUNGSBERICHT

EIN TAG IM LEBEN VON RENÉ SARGE, ZIMMERMANN

René Sarge ist Zimmermann und fertigt Wagen für Treuhänder, Webdesigner, Mathematiker. Neuerdings baut er mobile Kinderkrippen.

Mein Wagen hat fünfzehn Quadratmeter, er ist Wohnzimmer, Küche, Schlafraum in einem, die »Villa Liebstöckel«, wie der Wagen heißt, steht in Erlenbach, direkt am Tobel. Drumherum hat es viel Grün. Da, auf der Treppe des Wagens, trinke ich Kaffee, rauche eine, der Blick geht hinaus auf den See, diese Morgenstunden sind erstklassig. Mittlerweile habe ich schon fast einen geregelten Tagesablauf. Um sechs stehe ich auf, öffne die Tür. Frische Morgenluft. Eine halbe Stunde dasitzen, die Gedanken treiben lassen. Dann geht der Tag los. Um sieben bin ich in der Wagenschmiede, meiner Werkstatt in der Wetziker Kulturfabrik.

Die Welt braucht mehr Wagen. Das ist grob gesagt meine Philosophie. Heute bauen wir Fundamente und darauf riesige Häuser, viel Stahlbeton, eine gewaltige Infrastruktur, ein enormer Materialaufwand, der nicht Not tut. Der Mensch braucht zwei Quadratmeter, eigentlich. Ich meine das nicht so absolut, ich bin nur für einen sanften Umgang mit der Erde. In Hamburg bin ich aufgewachsen, mein

Opa war Schmied, auch mein Vater ein Handwerker, die Mutter ist eher die Intellektuelle, ich habe Umweltwissenschaften studiert, nach dem Vordiplom aber abgebrochen. Immer dieses Reden über Nachhaltigkeit. Ich wollte etwas selber machen. Ich musste etwas herstellen, das es wirklich braucht. Etwas Greifbares. Und ich brauchte Bewegung. Also habe ich auf Zimmerer umgeschwenkt. Nach der Lehre war ich vier Jahre auf Wanderschaft. Jeder hundertste Lehrling macht das noch, mit der schwarzen Kluft und dem großen Hut, mit Stock und Bündel. Auf diesen Reisen habe ich auch mal in Wagen übernachtet und geschaut, wie die gebaut sind. Diese Wagen, wie man sie auf Baustellen sieht und beim Zirkus, haben einen spröden Charme. Sie haben mich immer angezogen. Ich habe mir überlegt, wie ein »geiler« Wagen sein müsste. Und dann kam ich als Geselle in die Schweiz, vor vier Jahren, habe meine Freundin kennengelernt, eine Korbflechterin, das hat mich hierhergebracht. Sie besaß ein altes Fahrwerk, ein Stahlskelett hinter dem Haus, und ich sagte: »Hey, da müssen wir einen Wagen draufbauen.« Das wurde unser Zuhause. Dann kamen andere Leute und sagten: »Wie romantisch! So einen will ich auch!« Tja, so wird man Wagenbauer.

Wir sind keine Manufaktur, ich baue mit zwei Kollegen jedes Jahr zwei Wagen. Meine Kunden sind nicht die Freaks und Weltverbesserer, da ist eine Treuhänderin, eine Mathematikerin, ein Kunstschmied, ein Webdesigner. Und gerade arbeite ich an einem Großauftrag der Firma Kita-Mobil, die in Zürich mobile Kinderkrippen aufstellt, eine um die andere. Jede angedockt an ein Altersheim. Dass jetzt grundsolide, ganz honorige Leute die Wagenidee verbreiten, das finde ich famos.

Auf meinen Reisen als Geselle war ich auch in Indien, Afrika, im Iran, nach vier Jahren Wanderschaft hast du etwas gelernt: dich überall heimisch zu fühlen. Vor einem Jahr ist nun meine Freundin losgezogen, als Wandergesellin, auch in der Kluft, sie darf sich dem Heimatort nicht nähern, bis auf fünfzig Kilometer. So wollen es die alten Regeln. Aber wie hätte ich es ihr ausreden sollen? Etwa bis sieben bin ich in der Werkstatt. Dann endet der Tag, wie er angefangen hat: auf der Treppe meines Wagens. Mit einem kühlen Bier.

Von Mathias Ninck

DAS AVOID TINY HOUSE

Das kleinste Haus auf Rädern in Italien

XA 748FH

Leonardo di Chiara ist Architekt und Ingenieur aus Italien und hat mit seinem aVoid Tiny House das kleinste Haus auf Rädern in ganz Italien gebaut. Auf nur 9 Quadratmetern findet alles Platz, was er zum Leben braucht. Mit 25 technischen Helfern hat Leonardo sein Tiny House geplant und von Mai bis August 2017 in Pesaro realisiert.

Der Innenausbau sollte dabei möglichst schlicht sein, und es sollte alles, was gerade nicht gebraucht wird, möglichst unsichtbar verstaut werden können. Daher kommt auch der Name für sein Tiny House: Das englische void heißt übersetzt »leerer Raum«. Dieser Leerraum soll Ruhe und Klarheit in den Wagen bringen.

In den Wänden hat sich die wahre Ingenieurskunst ausgetobt. Tische können ausgeklappt, Stühle in den Wänden untergebracht, Kochnischen über Klappvorrichtungen geöffnet und bei Nichtgebrauch wieder zugeklappt werden. Leonardos Tiny House hat sich seinen Ruf als »Schweizer Sackmesser« mehr als verdient.

Mit der kompakten Bauweise wird auch sein sehr geringes Gewicht von nur 3000 Kilogramm erreicht. Die Außenmaße des Hauses belaufen sich auf 6,71 x 2,53 x 4,00 Meter.

Das aVoid Tiny House ist nicht nur ein Konzept, Leonardo lebt Vollzeit darin. Und er ist auch schon mehrmals damit umgezogen. Im April 2018 hat er mit einer Tour von Berlin nach Rom angefangen und an verschiedenen Standorten Halt gemacht, um über sein Projekt zu informieren und Rundgänge darin anzubieten. 120 Tage war er unterwegs, als Zugfahrzeug diente ihm ein VW Touareg. Das aVoid ist ein perfektes Beispiel, wie mobil ein Tiny House sein kann.

Als Baumaterial wurde für das aVoid hauptsächlich Holz und Aluminium genutzt, als Isolation Holzfasern und Polystyrol. Auf einer Seite des Daches wurde eine Solaranlage installiert (1 kW), und die andere Seite dient als kleine Veranda. Diese ist aus dem Innenbereich erreichbar, die Leiter, die hinauf- und herunterführt, ist – wie zu erwarten – in der Wand verstaut. Beim Kochen hat sich Leonardo für eine Gaslösung entschieden. Geheizt wird mit einer Dieselheizung.

Toilette und Dusche sind in einem Raum kombiniert, zusätzlich gibt es ein ausklappbares Waschbecken – so ist auch diese kleine Fläche optimal ausgenutzt.

DAS WICHTIGSTE IN KÜRZE

Leonardo di Chiara in Pesaro, Italien
www.leonardodichiara.it

Toilette
Komposttoilette

Material
Aluminium, Holz

Kochen
Mit Gas

Wasserversorgung
Öffentlicher Anschluss

Heizung
Dieselheizung

Solaranlage
1 kW auf dem Dach inkl. Speicher

DAS NORSKE MIKROHUS

Bestens isoliert und mit steilem Dach

Die Idee für dieses norwegische Mikrohaus entstand 2016. Inspiriert durch das Bild eines Tiny House wuchs der Wunsch, selbst so kleine Häuser zu bauen – angepasst an die Wetterverhältnisse in Norwegen. Um den Einfluss auf die Umwelt möglichst gering zu halten, entschied man sich, die Mikrohäuser auf Räder zu bauen. So lassen sie sich einfach verschieben und gelten in Norwegen als Camper. Was den Vorteil hat, dass sie als Fahrzeuge, die unter 3,5 Tonnen wiegen und als Camper zugelassen sind, auf privatem Grund ohne Bewilligung aufgestellt werden können.

Die Einhaltung dieser 3,5-Tonnen-Grenze war die größte Herausforderung beim Bau. Der Prototyp wog noch fast 4,5 Tonnen, das Gewicht musste auf 3,5 Tonnen reduziert werden. Dafür wurde die Küche angepasst, und auch sonst gab es ein paar bauliche Veränderungen bis zu dem Produkt, das jetzt erhältlich ist.

DAS WICHTIGSTE IN KÜRZE

Norske Mikrohus AS in Oslo, Norwegen
www.norskemikrohus.no

Toilette
Cinderella Comfort

Material
Holzständerbau, Steinwolldämmung, Fichte, Zeder, Innenausbau Pappel

Fenster
Holz- oder Alufenster

Kochen
Mit Strom oder Gas

Wasserversorgung
130-Liter-Wassertank mit 30-Liter-Elektroboiler

Heizung
600-Watt-Elektroheizung im Hauptraum, 300-Watt-Elektroheizung im Bad

Solaranlage
Standardmäßig keine, als Option erhältlich

Isoliert wird das Norske Mikrohus mit zehn Zentimeter Steinwolle, die in Norwegen produziert wurde. Im Winter ist in Norwegen eine gute Isolation sehr wichtig. Der Balkenaufbau des Mikrohus besteht aus Fichtenholz. Die Fichte kommt in ganz Norwegen vor und bekommt mit der Zeit das gräuliche Aussehen, das man von norwegischen Berghütten kennt. Alternativ zu Fichtenholz wird auch Zedernholz angeboten, was das Norske Mikrohus ein bisschen exklusiver erscheinen lässt.

Für den Innenausbau wird Pappelholz verwendet. Alle Möbel entstehen in Handarbeit. Als Toilette kommt die Cinderella Comfort zum Einsatz. Dabei handelt es sich um eine Verbrennungstoilette, die mit Gas funktioniert. Gekocht wird elektrisch, da Gas in Norwegen nicht sehr verbreitet ist. Auf Wunsch kann aber auch ein Gasherd eingebaut werden.

Während in Zentraleuropa eine Solaranlage bei Tiny Houses meist Standard ist, wird diese bei einem Norske Mikrohus nicht eingesetzt. In Norwegen sind die Winter

lang und die Sonnenstunden kurz, sodass eine Solaranlage dort keinen Sinn macht. Es gibt sie aber als Option.

Im Mikrohus ist ein 130-Liter-Wassertank verbaut, das Warmwasser wird über einen 30-Liter-Elektroboiler erwärmt. Die Heizung funktioniert ebenfalls elektrisch. Im Bad kommt eine 300-Watt-Heizung zum Einsatz, während der Hauptraum mit 600 Watt geheizt wird. Das reicht auch am nördlichsten Standort in Norwegen auf Höhe der Lofoten.

Von der Norske Mikrohus AS werden im Moment zwei Modelle angeboten: eine 7,5-Meter-Version und eine mit 6,5 Meter Länge. Die Höhe des Mikrohus beläuft sich auf 4,2 Meter. Das ist höher als bei den meisten Tiny Houses. Aber in Norwegen ist eben eine Fahrzeughöhe von 4,2 Metern erlaubt.

Auffallend am Norske Mikrohus ist das steile Dach. Es hat den Vorteil, dass die Schneemassen vom Dach möglichst schnell herunterrutschen. Das hohe Gewicht von Schneemengen könnte bei einem Flachdach nämlich ein statisches Problem werden.

IMMERGRÜN

DAS TINY HOUSE

Leicht und beweglich

Hinter dem Tiny House namens »immergrün« steht das Kollektiv Winzig, bestehend aus Florentina Gojani und Alesch Wenger. Sie ist Projektmanagerin, er Architekt. Als bei den beiden vor ein paar Jahren der Wunsch nach Reduktion aufkam, lebten sie eine Weile lang in einem Bus, bis dann langsam die ersten Skizzen für ihr Tiny House entstanden. Irgendwann stand die Entscheidung, dass die beiden das Tiny House auch realisieren wollten.

Ziel war, dass ihr »immergrün« ein Gewicht von 3,5 Tonnen nicht überschreitet und dass es als Spezialfahrzeug im normalen Straßenverkehr bewegbar bleibt. Das haben sie erreicht und testen den Prototyp seit Herbst 2018.

Ziel war auch, dass das Tiny House autark funktioniert. Darum haben sie sich für eine Gasheizung in Kombination mit einer Solaranlage entschieden. Mit derselben Lösung wird auch das Warmwasser produziert. Damit

DAS WICHTIGSTE IN KÜRZE

Kollektiv Winzig KIG in Zürich, Schweiz
www.kollektiv-winzig.ch

Toilette
Verbrennungstoilette

Fenster
Holzfenster mit Luftdruck (Fenster werden mit Hydraulikpumpen hochgeschoben)

Kochen
Mit Gas

Wasserversorgung
80-Liter-Wassertank, 80-Liter-Abwassertank, Warmwasser über Gasheizung mit Boiler

Heizung
Gasheizung

Solaranlage
700 Watt, mit 2,5-kW-Speicher

konnten sie ihren Primärenergieverbrauch im Vergleich zur Dreizimmerwohnung auf 10 Prozent senken. Im Winter braucht das »immergrün« rund 20 Kilogramm Gas pro Monat, im Frühling und Sommer nur noch rund die Hälfte. Auch gekocht wird mit Gas. Frischwasser und Abwasser laufen über eine Tanklösung. Das Auffüllen des Frischwassers erfolgt mit Kanistern oder per Schlauch. Rund 200 Liter Wasser brauchen die beiden pro Woche. Das sind rund 90 Prozent weniger als noch in der alten Wohnung.

Auf dem Dach des »immergrün« befindet sich eine 700-Watt-Solaranlage. Ein 2,5-Kilowatt-Speicher sorgt dafür, dass das Haus selbst bei wenig Sonne mehrere Tage Strom hat. Die Solaranlage generiert auch an kurzen Tagen im Winter rund 15 Kilowattstunden pro Monat. Damit funktioniert das Tiny House stromautrak. Spannend ist auch, dass eine 12-Volt-Strominstallation eingebaut wurde. Diese ist in der Schweiz nicht abnahme-

pflichtig, und über Konverter sind 230 Volt trotzdem möglich.

Betritt man das Haus, fallen einem das viele Holz und die klaren Linien auf. Die 15 Quadratmeter müssen gut genutzt werden, deswegen ist die Einteilung akribisch geplant. Bad, Bett und Küche nehmen einen großen Teil der Wohnfläche ein: »Dies sind für uns die wertvollsten Bestandteile der Einheit«, meint Alesch Wenger. »Darum haben wir sie entsprechend proportioniert und materialisiert.«

Das »immergrün« ist pure Reduktion, die beiden fühlen sich beim Arbeiten und Testen sehr wohl darin. Das spürt man und sieht man, wenn man dieses Tiny House betritt.

»Wir möchten das ›immergrün‹ in Zukunft als Produkt anbieten; aber uns war wichtig, selber unsere Erfahrungen damit zu machen und zu sehen, ob es wie geplant funktioniert.« Es besteht auch die Idee, das Haus gemäß den geltenden Gesetzen als »normales« Haus zu nutzen. Das ist im Moment in Arbeit.

Das »immergrün« wurde komplett in der Schweiz produziert. Gearbeitet hat man vorwiegend mit lokalen Materialien. Wie viele Stunden für die Planung und den Bau aufgewendet wurden, können die beiden nicht mehr sagen. Die Kosten ihres Tiny House können sie nur schätzen: »Wir denken, wir wären bei einem Preis von rund 150 000 Schweizer Franken für die voll autarke Lösung.«

BOCKS TINY HOUSES

Atmungsaktiv und mit vielen Optionen

»Das perfekte Tiny House gibt es nicht, jeder muss seine Lösung finden«, sagt Christian Bock, der Inhaber der Tischlerei und Tiny-House-Manufaktur Bock. Christian war längere Zeit auf Wanderschaft unterwegs gewesen und hatte schon damals die Idee von einem mobilen Haus. Allerdings dauerte es bis zum Jahr 2012, als erste Pläne dafür gezeichnet wurden. 2013 war das erste Tiny House in der Manufaktur fertiggestellt, weitere folgten.

Wichtig ist Christian Bock die persönliche Beratung und die Begleitung seiner Kunden. »Viele Kunden kommen mit Ideen und Vorstellungen. Da muss man abschätzen können, was Wunsch oder Bedürfnis ist. Und auch, wo die romantischen Gedanken sind, die sich nicht als praktisch erweisen.« Lebt man dauerhaft in einem Tiny

House, hat man andere Wünsche als bei Wochenendaufenthalten. Wer nur drei Tage pro Woche dort lebt, hat wieder andere Bedürfnisse.

Christian Bock legt Wert auf die Verwendung von ökologischen Materialien. Das verarbeitete Holz stammt fast ausschließlich aus der Region, zum Einsatz kommen skandinavische Fichte und Douglasie, für die Inneneinrichtung vor allem Fichte und Eiche. »Wir haben aber auch schon Küchen aus Birkenholz gebaut.« Soll heißen: Auch hier kann der Kunde mitreden.

Für die Isolation nutzt man Holzweichfaserdämmung. Das isoliert gut, dient im Sommer aber auch ein wenig als Schutz vor der Hitze. Wichtig ist Christian Bock, dass die Bauten diffusionsoffen, das heißt atmungsaktiv sind.

Die Tiny Houses der Manufaktur Bock werden auch dem Standort angepasst. Falls ein Wasseranschluss vorhanden ist, kann man eine normale Toilette einbauen. Bisher war das aber nur bei wenigen Tiny Houses der

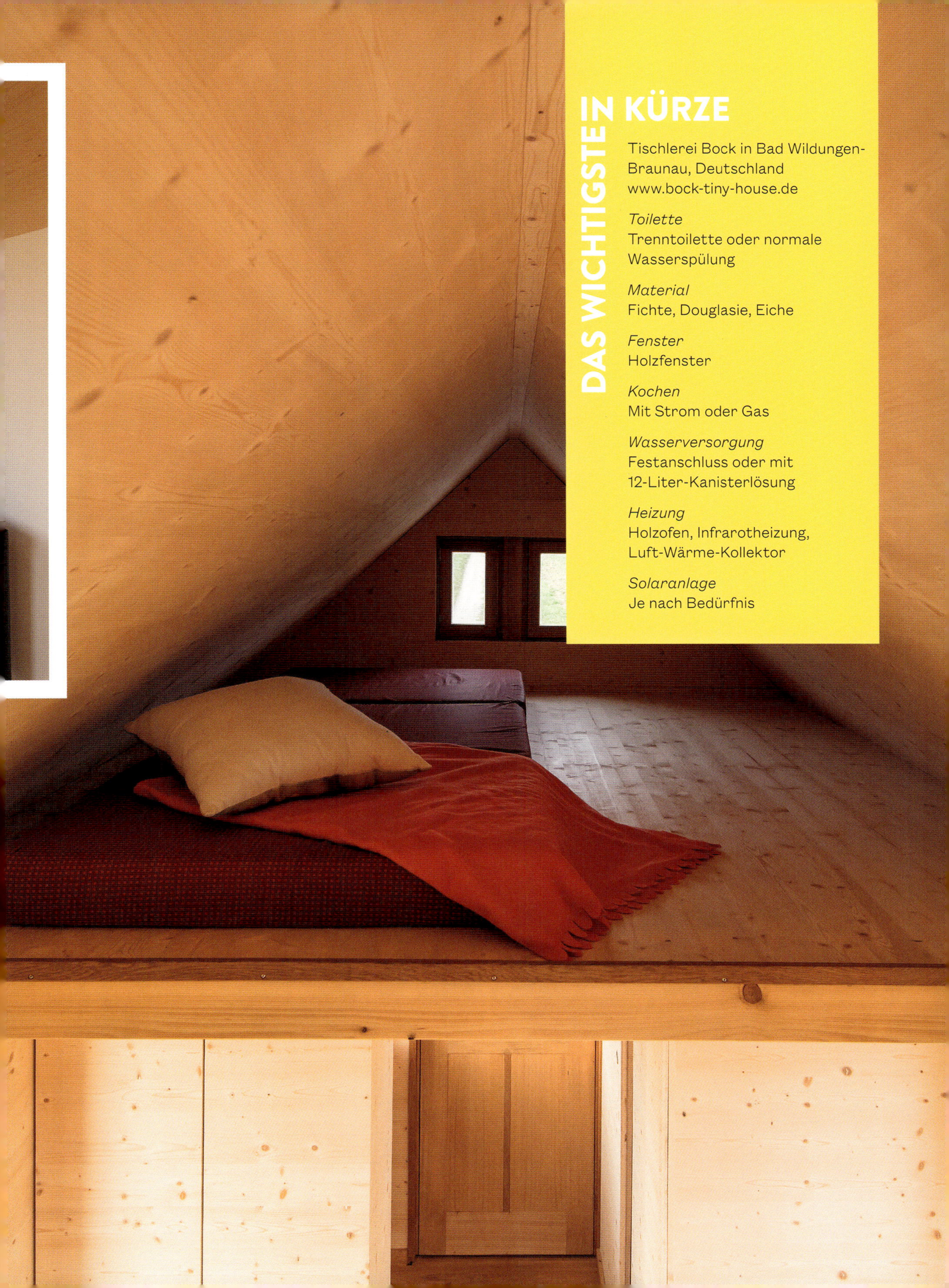

DAS WICHTIGSTE IN KÜRZE

Tischlerei Bock in Bad Wildungen-Braunau, Deutschland
www.bock-tiny-house.de

Toilette
Trenntoilette oder normale Wasserspülung

Material
Fichte, Douglasie, Eiche

Fenster
Holzfenster

Kochen
Mit Strom oder Gas

Wasserversorgung
Festanschluss oder mit 12-Liter-Kanisterlösung

Heizung
Holzofen, Infrarotheizung, Luft-Wärme-Kollektor

Solaranlage
Je nach Bedürfnis

bock
Tischlerei
Möbelbau
Inneneinrichtung
Fenster und Türen
Fußböden
Küchen
Reperaturen
Tischlerei Christian Bock
www.bock-tischlerei.de
KB B 1628

Fall. Achtzig Prozent der ausgelieferten Tiny Houses haben eine Trenntoilette. Beim Kochen kann man einen Elektroherd nutzen, es gibt aber auch Lösungen mit Gas. Für einen Kunden aus der Schweiz wurde einmal ein Holzofen mit Kochmöglichkeit eingebaut. Auch das ist möglich. Ebenso der Betrieb von Solaranlagen. Diese kann je nach Wunsch des Kunden angepasst werden.

Beim Wasser kann man entweder einen Festanschluss nutzen, oder es wird mit Kanistern gearbeitet. 12-Liter-Kanister können problemlos zum Auffüllen transportiert werden und sind sehr einfach in der Handhabung. Christian Bock warnt allerdings: »Zum Duschen reicht das Wasser dann aber nicht.«

Die beliebteste Lösung zum Heizen ist der eingebaute Holzofen, wobei auch hier schon andere Lösungen zum Einsatz kamen, vom Elektroofen über eine Infrarotheizung bis hin zum Luft-Wärme-Kollektor.

»Wichtig ist, dass man sich bei der Planung genug Zeit nimmt. Es hilft nichts, wenn man sein Tiny House in drei Monaten fertig haben möchte und dann merkt, dass viele Dinge nicht passen.« Die Planung kann gemäß Christian Bock gerne mal ein Jahr Zeit in Anspruch nehmen: »So lange eben, bis es für den Kunden stimmt.«

Neben den fertigen Tiny Houses werden bei der Manufaktur Bock auch Workshops angeboten, an denen das Tiny House teilweise oder gleich ganz selbst gebaut werden kann. Dabei kann man seine eigenen Ideen einbringen, und Christian Bock und sein Team helfen bei der Weiterentwicklung und Umsetzung.

SERENA. HOUSE

Tiny Houses in Spanien

FABRICA DE FARINES
"SANT JORDI"

»In Spanien gibt es keine Tiny-House-Bewegung. Die Bewegung sind wir!«, sagt Antoine Grillon von Serena. House. Das erste Tiny House hat Antoine in Frankreich gebaut und »Les Abers« genannt. Es ist bis heute in Frankreich im Einsatz und kann dort als Ferienhäuschen gemietet werden. Nach dem Bau von »Les Abers« hat er sich mit Nicolas Vaquier zusammengeschlossen, der sich ebenfalls selbst ein Tiny House gebaut hatte. Nun firmieren die beiden gemeinsam als Serena.House. Inzwischen gibt es von ihnen mehrere verschiedene Tiny-House-Modelle, von denen einige als Feriendomizil zu mieten sind, um das Leben im Tiny House eins zu eins zu erproben.

»Grundsätzlich haben alle Tiny Houses, die wir bauen, dieselbe Technik.« Da in Spanien häufig die Sonne scheint,

Mobitecture

DAS WICHTIGSTE IN KÜRZE

Serena.House in der Nähe von Barcelona, Spanien
www.serena.house

Toilette
Trenntoilette

Fenster
Holzfenster

Kochen
Mit Gas

Wasserversorgung
Wassertank,
Regenwasserfilterung möglich

Heizung
Mit Gas

Solaranlage
Je nach Bedürfnis und Standort

macht eine Solaranlage viel Sinn. »Wasserautarkie ist in Spanien fast unmöglich, da wir zu wenig Regen haben.« Es gibt zwar eine Lösung mit einem Regenwassertank von 650 Litern und einem anschließenden 5-fach-Filtersystem, aber bei längeren Zeiten ohne Regen hilft das nichts. Das Warmwasser wird über Gas erhitzt. Das Grauwasser wird über einen Grauwasserfilter gefiltert und dann versickert.

Obwohl Kälte in Spanien kein großes Problem ist, wird eine Heizung eingebaut, die über Gas betrieben werden kann. »Frostgefahr haben wir aber nicht.«

»Das größte Problem in Spanien ist die Hitze.« Es wird zwar mit Wolle und Baumwolle versucht, einen Puffer gegen die Hitze zu erzeugen, »es kann aber trotzdem sehr heiß werden.« Grundsätzlich ließe sich die Solar-

anlage so erweitern, dass damit eine Klimaanlage betrieben werden könnte, aber das führt dann wieder zu einem Gewichtsproblem. Ziel ist, mit den Tiny Houses unter einem Gewicht von 3,5 Tonnen zu bleiben und dabei nur ökologische Materialien zu verwenden. Da muss man gewisse Abstriche machen oder ein bisschen Gewicht für den Transport abmontieren. Es gab auch die Idee, über das Dach einen zusätzlichen Sonnenschutz zu spannen: »70 Prozent der Hitze kommt über das Hausdach.« Ein solcher Schutz hilft auch als Hitzepuffer.

Während in Frankreich eine große Tiny-House-Bewegung existiert, ist in Spanien davon nichts spürbar. Es gibt einige Regionen, in denen das Bewohnen von Tiny Houses toleriert ist, eine gesetzliche Grundlage gibt es aber nicht.

NONAGON

Das Hobbithaus von Edward Davies

Etwa neun Monate hat Edward Davies für den Bau seines Hauses gebraucht. »Nonagon« nennt er sein Hobbithaus, das neun Ecken hat (daher der Name) und etwa 35 Quadratmeter groß ist. Sein Haus sollte erweiterbar sein, sodass zu einem späteren Zeitpunkt noch mehr Räume oder Bereiche hinzukommen könnten. Es sollte ein Spielfeld sein, um Sachen auszuprobieren und auch um Fehler machen zu dürfen. Von denen sind ihm zum Glück nur wenige passiert. Mit nur knapp 10 000 Euro und ohne die Hilfe eines Bauunternehmens hat er sein Haus realisiert. »Es braucht Helfer und genügend Zeit, aber so schwer ist das nicht. Wenn du dir genügend Zeit nimmst und es einfach hältst, kannst du sehr günstig bauen«, sagt er.

DAS WICHTIGSTE IN KÜRZE

Edward A. Davies in
Nemessándorháza, Ungarn
www.landsitzer.wordpress.com

Toilette
Trenntoilette nach Friedensreich Hundertwasser

Fenster
Recyclingmaterial, Holz

Kochen
Mit Holz oder Gas

Wasserversorgung
1000-Liter-Wassertank

Heizung
Holzofen

Solaranlage
3 x 100 Watt, 2 x 160 Ah Akkus

Für Edward war es wichtig, mit lokalen und nachhaltigen Materialen zu bauen. Das Holz für das Ständerwerk und den Dachstuhl ist aus ganzen Fichtenstämmen, Robinie und Akazie kommen ebenfalls zum Einsatz. Isoliert ist das Dach mit Strohballen.

Spannend ist auch das alte System der Cordwood-Konstruktion. Dazu wird für die Wände Lehm, ein Sand-Stroh-Gemisch und Holz verwendet. Das hat einen guten Isolationswert und ist zudem kostengünstig in der Herstellung. Edward ist begeistert von dem Material: »Lehm hat extrem gute Eigenschaften und ist zudem noch gratis zu bekommen.«

Auch wenn das Haus von Edward nicht so aussieht, es funktioniert fast wie ein konventionelles Haus. Es gibt eine Solaranlage mit 3-mal 100 Watt und 2-mal 160-Ah-Akkus. Im Winter wird über den Küchenherd geheizt und gekocht, im Sommer steht ein Gasherd zur Verfügung. Zudem gibt es einen Solarkocher.

Natürlich gibt es im Haus auch Wasser. Über einen tiefen Brunnen führt eine Wasserleitung auf das Grundstück. Dort wird das Wasser in einem 1000-Liter-Wassertank gesammelt. Der Wasserdruck entsteht über ein Gefälle. Für den Winter ist der Tank mit einem Meter dicken Strohballen frostsicher verpackt.

Edward ging bei seinem Bau alternative Wege. Er orientierte sich im Internet und teilweise an altem Wissen und wollte alles selbst ausprobieren, auch wenn ihm davon abgeraten wurde. Seine Frau und seine Kinder, die mit ihm im Nonagon leben, mussten sich nicht einschränken: »Es ist eine Lebenseinstellung.«

Auch die Toilette ist ein Eigenbau. Orientiert hat sich Edward am System von Friedensreich Hundertwasser.

Edward will mit seinem Projekt Wege aufzeigen, er will Wissen vermitteln, denn seiner Meinung nach kann »jeder so ein Haus bauen«. Darum möchte er in Zukunft auch Workshops anbieten, bei denen man selber beim Bau mithelfen und so alles Wissen von ihm erwerben kann. »Grundsätzlich lässt sich so ein Bau beliebig erweitern und auf die individuellen Bedürfnisse zuschneiden.«

TINY HOUSES VON TREESIGN

Warm und in
verschiedenen Größen

Fabian Bräuer hat 2014 die schwedische Firma Treesign gegründet, die verschiedene Tiny-House-Modelle produziert. »Die Idee entstand aus der Nachfrage heraus.« 2007 kam Fabian mit seiner Frau nach Schweden, damals eigentlich nur für eine Rundreise. Den beiden hat es aber so gut gefallen, dass sie in Schweden bleiben wollten. Da ihnen die finanziellen Mittel fehlten, haben sie sich einen Bauwagen gekauft und zum Tiny House umgebaut. Als sie den dann verkaufen wollten, war die Nachfrage danach so groß, dass Fabian beschloss, aus der Idee ein Geschäftsmodell zu machen. Als gelernter Tischler, der lange auf Baustellen gearbeitet hatte, kannte er die nötigen Handwerksarbeiten, und so ist das erste Tiny House für den Verkauf entstanden.

Die Tiny-House-Bewegung war und ist in Schweden zwar immer noch klein – es gibt bis heute nur etwa hundert Tiny Houses in ganz Schweden –, doch die Nachfrage danach ist in den letzten Jahren gestiegen.

Fabian ist wichtig, dass er seine Materialien nur von lokalen Produzenten bezieht. Die langsam gewachsene Kiefer ist dabei seine erste Wahl, Fichte kommt ebenso

zum Einsatz. Und es gab auch schon Häuser, die mit Zedernschindeln ausgestattet wurden. Der Kunde darf viel mitentscheiden, und Fabian geht auf die individuellen Bedürfnisse ein, aber: »Die Tiny Houses sind teilweise über 1500 Kilometer von unserer Werkstatt weg, und es gibt in Schweden eine achtjährige Gewährleistung auf Bauten. Da muss alles passen.«

Passen muss auch die Isolierung, denn: »Hier wird's schon mal minus 20 Grad kalt. Darum ist unser Wandaufbau auch 25 Zentimeter dick.«

Als Toilettenlösung wird meist das Separett Villa eingesetzt. Es gibt aber ebenso Vakuumtoiletten oder Verbrennungstoiletten. Auch hier bekommt der Kunde das, was er will und wie es passt.

Gekocht wird unterschiedlich, anteilsmäßig etwa 20 Prozent mit Holz, 40 Prozent mit Gas, 40 Prozent elektrisch. Die Heizung funktioniert elektrisch über eine Fußbodenheizung. Oder über einen Kamin.

Die meisten Tiny Houses in Schweden schließen sich an die vielen Brunnen an, die im ganzen Land verteilt sind. Mit einer Pumpe wird dann das Wasser ins Tiny House gepumpt. Damit es nicht gefriert, arbeitet man mit einer Begleitheizung. Auch eine Solaranlage kann genutzt werden. Von Frühling bis Herbst ist es sehr gut möglich, damit autark zu leben. Im Winter wird die Solarenergie allerdings wegen der kurzen Tage knapp. Da hilft ein Stromanschluss.

Die Tiny Houses von Treesign gibt es in verschiedenen Größen, das größte ist 12 Tonnen schwer, 10 Meter lang und hat eine Fläche von 39 Quadratmetern. Das kleinste Haus im Angebot hat 20 Quadratmeter.

DAS WICHTIGSTE IN KÜRZE

Treesign in Tidaholm, Schweden
www.treesign.se

Toilette
Separett Villa, Vakuumtoilette, Verbrennungstoilette

Material
Kiefer, Fichte, Zedern

Isolation
Holzfaserplatten

Kochen
Mit Strom, Gas, Holz

Wasserversorgung
Möglich (250 Liter), meist aber über Festwasseranschluss

Heizung
Fußbodenheizung oder Kamin

EIN GESPRÄCH MIT JULIA SEIDL

Warum leben Menschen in einem Tiny House?

Die Journalistin Julia Seidl trifft gerne außergewöhnliche Menschen – egal, ob jung, alt, reich oder arm. Besonders bewundert sie mutige Lebensentscheidungen. Julia Seidl lebt in München, 2010 wurde ihr der Herwig-Weber-Preis verliehen. Zusammen mit dem preisgekrönten Fotografen Stefan Rosenboom, der für renommierte Medien und namhafte Firmen der Outdoorbranche arbeitet und in Oberbayern lebt, hat Julia Seidl ein Buch herausgebracht: »Kleines Zuhause, große Freiheit«.

Auf die Frage, wie ihr Buch entstanden sei, antwortet Julia Seidl: »In meiner Arbeit für den Bayrischen Rundfunk habe ich immer wieder Menschen besucht, die wenig besitzen und auf kleiner Wohnfläche leben. Vor fast zwanzig Jahren habe ich ein langes Porträt über eine alte Frau geschrieben, die allein in einem ärmlichen kleinen Haus lebte. Die winzige Küche war zugleich ihr Wohnzimmer, direkt daneben hatte sie ihren Stall mit drei Ziegen. Im oberen Stockwerk schlief sie in einem unbeheizbaren Schlafzimmer, das wir aber nicht betreten durften. Seitdem begleitet mich dieses Thema wie ein treuer Hund: So lernte ich Paula kennen, die ein altes DHL-Auto selbst ausgebaut hatte, oder Michael, der als ›Teilzeit-Eremit‹ in einer alten Scheune wohnt. Ich sprach mit dem Besitzer eines Schäferwagens, der damit allein quer durch Deutschland fuhr, um den Unfalltod seines Sohnes zu verkraften. Alle Menschen habe ich zu einer Zeit porträtiert, als in Deutschland noch niemand von Tiny Houses sprach.«

Auch wenn jeder individuell seine Gründe dafür hatte, so anders zu leben, gab es doch Gemeinsamkeiten. Laut Julia Seidl »vielleicht den Wunsch, sich zu verkleinern und somit weniger Belastungen zu haben. Weniger zu putzen, weniger in Ordnung halten zu müssen, weniger Geld für Energie zu bezahlen und so weiter. Ein großes Haus hält einen auf Trab – dauerndes Reparieren, Pflegen, Gestalten, Möblieren kostet Geld und Lebenszeit. Warum nicht Downsizing machen und dafür Zeit gewinnen für Dinge, die man wirklich tun möchte? Diesen Wunsch hatten fast alle meiner Porträtierten – Freiheit zu gewinnen, indem man sich reduziert. Und diesen Wunsch haben sie sich auf verschiedenen Wegen erfüllt!«

Die Tiny-House-Bewegung ist im Moment ein großer Trend. Aber wird der Wunsch nach kleineren Wohnformen auch noch in ein paar Jahren bestehen? Julia Seidl zu dieser Frage: »Ich denke, das wird zwangsweise so sein – vor allem in den Großstädten. ›Micro‹ oder ›Minimal Living‹ wird immer notwendiger werden, da der Wohnraum in Ballungszentren nahezu unerschwinglich wird. Zu den Tiny Houses speziell: Ob sie weiter im Trend bleiben, wird von der Handhabung des Baurechts in den jeweiligen Ländern abhängig sein. Wenn man Tiny Houses weiter nur umständlich und mit großen Mühen irgendwo aufstellen kann, wird das große Interesse womöglich irgendwann abflauen. Die Sehnsucht aber wird bleiben: nach einem kleinen Wohnraum, befreit von der Masse an Dingen, erleichtert vom finanziellen Druck und mitten in der Natur – so hat ja schon Henry David Thoreau 1845 in einer Blockhütte am Walden Pond gelebt.«

Am meisten hat Julia Seidl bei ihrer Arbeit an den Porträts die Bereitschaft der Menschen beeindruckt, Mühen und Strapazen zu ertragen – teilweise auch dauerhaft. »Michael, der von April bis Oktober in einer Scheune lebt, hat zum Beispiel keine Toilette und kein Bad. Wer will das heute noch freiwillig? Der Wohlstand lässt uns bequem werden. Unser Zuhause gleicht einem Wellness-Tempel, in dem wir wohlige Entspannung suchen. Die Menschen in meinem Buch können dagegen Abstriche machen und sich auf das Wesentliche reduzieren. Ich würde fast sagen, bei manchen geht das nahezu bis zur Askese.« Doch es braucht keinen extremen Lebensentwurf, um sich zu verkleinern und eine »Dinge-Diät« einzuhalten, meint Julia Seidl: »Ich habe auch mit einem Ordnungscoach gedreht, einer Person, die Menschen beim Ausmisten und Aufräumen hilft. Ihr Motto war: ›Je mehr du hast, desto mehr hat es dich.‹ Wenn ich weniger besitze, muss ich weniger pflegen. Wenn ich weniger Wohnraum habe, kann ich schlichtweg gar nicht so viel shoppen. Wo sollten denn die ganzen Schuhe oder Bücher hin? Wo die zahlreichen Mitbringsel von weiten Reisen? Viel Raum fordert uns auf, ihn zu füllen, denn meist fühlen sich Menschen in großen, leeren Räumen nicht wohl. Der kleine Raum hingegen gähnt nie vor Leere. Einige meiner Protagonisten sagen auch, dass sie sich in ihrem kleinen Zuhause endlich geborgen fühlen, wie in einem Kokon. Meiner Meinung nach gibt es nichts Schlimmeres, als einsam und allein in einem großen Haus mit vielen unnützen Dingen zu wohnen. Diesem Albtraum sind meine Porträtierten entkommen.«

Doch warum können die einen reduzieren und die anderen nicht? Julia Seidl meint dazu: »Dinge besitzen eine gewisse Magie. Sie faszinieren uns. Die Form, die Haptik, einfach ihr Dasein. Ich kann zum Beispiel Messies durchaus verstehen, die nichts wegwerfen können. Das Wegwerfen ist ja ein bewusster Abschied von etwas, was mir nicht mehr gefällt. Aber wenn ich an jedem Ding irgendetwas Interessantes finde – sei es auch noch so klein? So entstehen auch Sammlungen. Sammler sind für mich nur eine andere Art von Messies, die eine ›Dinge-Gier‹ ausleben. Trotzdem sollte man sich selbst hinterfragen, warum man so viele Sachen besitzt. Und warum man immer wieder neue Dinge braucht? Platt psychologisch ausgedrückt könnte man sagen: Irgendein Mangel wird mit dem Kauf von Dingen zugedeckt. Besonders eklatant ist das an Weihnachten: Der Zwang, neue Dinge zu verschenken, damit man den anderen nicht vergrämt, verdeckt oft den Mangel an Zeit füreinander. Aber genug moralisiert: Zu reduzieren ist schwer, aber möglich.«

WISSENSWERTES:
DIE RAHMENBEDINGUNGEN

DIE RECHTLICHE LAGE

Jedes Land hat in Bezug auf Haus- und hausähnliche Bauten eigene Gesetze und Richtlinien. Was an einigen Orten bewilligt wird, ist an anderen Orten undenkbar. Man sollte sich also individuell am jeweiligen Ort erkundigen.

Grundsätzlich müssen bei einer Baueingabe für ein Tiny House in der Schweiz die gleichen Punkte erfüllt sein, die auch für ein konventionelles Haus gelten. Dies ist bei Tiny Houses oft schwer zu erreichen, aber dennoch möglich.

Für Deutschland gibt es unter tinyhouseforum.de eine ausführliche Zusammenstellung der rechtlichen Situation.

Für Österreich findet man eine umfangreiche Zusammenfassung auf der Website der Firma Wohnwagon: www.wohnwagon.at/tiny-house-baurecht

Ein paar Punkte gilt es immer zu berücksichtigen:

- Ein mobiler Bau (auf Rädern) ist als Wohnform bewilligungspflichtig. Nur weil der Bau auf Rädern steht, ist er nicht automatisch »legal«.
- Auch auf dem eigenen Grundstück müssen die Gesetze eingehalten werden. Es besteht auch dann eine Bewilligungspflicht.
- Ein fester Wohnsitz im Tiny House ist oft mit Bedingungen verbunden (zum Beispiel Abwasseranschluss), auch wenn diese Bedingungen bei einer autarken Lösung nicht gebraucht werden.

Anfangs scheint das Unterfangen, in einem Tiny House zu leben, sehr schwierig. Es gibt viele ungeklärte Punkte und oft individuell abweichende Richtlinien. Es gibt aber auch immer wieder Lösungen, wie Wagenplätze, Projektbewilligungen oder temporäre Standorte. Es lohnt sich, nach Lösungen zu suchen.

DIE KOSTEN

Die Kosten für ein Tiny House belaufen sich von wenigen Tausend Euro bis hin in den sechsstelligen Bereich. Bedürfnisse, Materialwünsche, Ausbaustandard und Eigenarbeit machen es schwierig, eine Standard-Kostenrechnung anzusetzen.

Dass Leute Tiny Houses für weniger als 5000 Dollar gebaut haben, wie im Internet und auf YouTube zu erfahren ist, bezweifle ich; dieser Betrag scheint mir für ein dauerhaft bewohntes Tiny House kaum realistisch zu sein.

Mario Rampitsch erzählt in seinem Buch sehr detailliert, wie er seine »Arche« für 15 000 Euro realisiert hat – allerdings ohne Solaranlage. Und für sein Tiny House verwendete er fast ausschließlich gebrauchte Materialien, zudem ist das Haus in kompletter Eigenarbeit entstanden. So ist es möglich, auch für »wenig« Geld ein Tiny House zu bauen.

Ansonsten kostet ein in Auftrag gegebenes, fertig gebautes Tiny House zwischen 50 000 und 100 000 Euro. Nach oben ist die Grenze offen. Auch hier kommt es wieder auf den Ausbaustandard und den Autarkiegrad an.

Hier eine ungefähre Kostenzusammenstellung (Circa-Angaben):

Fahrgestell	6000 bis 10 000 Euro
Holz für Außenfassade	1000 bis 2000 Euro
Holz für Innenausbau	2000 bis 5000 Euro
Isolation/Dampfsperre usw.	000 bis 3000 Euro
Fenster, Türen	1000 bis 8000 Euro
Dach inklusive Eindeckung	2000 bis 4000 Euro
Elektroinstallation	2000 Euro
Sanitärinstallation	2000 Euro

Grundsätzlich ist also ein Tiny House, das in Eigenarbeit gebaut wird, ab circa 18 000 Euro möglich, wobei während des Baus sehr oft zusätzliche

Kosten für Material, fremde Hilfe, Unvorhergesehenes usw. entstehen. Realistischerweise sollte deswegen mit mindestens 50 000 Euro gerechnet werden.

DER ZEITRAHMEN

Die Zeit, die man braucht, um ein Tiny House zu bauen, wird oft unterschätzt. Man liest immer wieder von Häusern, die in wenigen Wochen oder Monaten in Eigenarbeit entstanden sind. Erfahrungsgemäß dauert der Aufbau eines Tiny House allerdings mehrere hundert Stunden. Rechnet man mit einer Arbeitszeit von fünf bis zehn Stunden pro Woche, kommt man auf etwa ein Jahr Bauzeit. Meist erstreckt sich ein Bau – gerade bei »Laien« – sogar über mehrere Jahre. Fehlendes Material, falsche Werkzeuge und Fehler beim Bauen sind nur einige Faktoren, die das Bauvorhaben verzögern können.

Ich selbst habe mit dem Aufbau meines Zirkuswagens im März 2017 angefangen. Die Wände und das Dach waren schon vorhanden, allerdings sollten neue Türen und Fenster eingebaut werden. Anfangs hatte ich mit einer Bauzeit von ein paar Monaten gerechnet, habe dann aber feststellen müssen, dass ich teilweise länger auf Material warten musste, als angenommen. (Die Lieferung der maßangefertigten Fenster hat beispielsweise über sechs Wochen gedauert.) Hinzu kamen immer wieder Baupausen, weil ich wegen meiner Erwerbsarbeit zu wenig Zeit hatte, im Urlaub war oder einfach mal keine Lust hatte. Der Innenausbau (noch ohne Möbel) war in einem Jahr fertig. Küche und Dusche (und somit auch die Wasserinstallation) waren drei Monate später eingebaut. Alles in allem hatte ich also gut eineinhalb Jahre für den Umbau gebraucht. Einige Anpassungen wie die Solaranlage, ein paar Möbel usw. kamen später noch dazu.

Ein guter Zeitplan hilft dabei, die Bauzeit besser abschätzen zu können. Wichtig ist, die mögliche Bauzeit pro Woche realistisch einzuschätzen. Dabei ist natürlich auch zu berücksichtigen, ob es sich um ein Vollzeit- oder ein Teilzeitprojekt handelt. Wer nebenbei arbeitet, hat durch die Doppelbelastung einen höheren Aufwand!

SKIZZEN FÜR DIE PLANUNG

In der Planungsphase gibt es unzählige Möglichkeiten, die dabei helfen, sich sein Tiny House besser vorstellen zu können. Bei den meisten Tiny-House-Bauern fängt es mit einer Handskizze an.

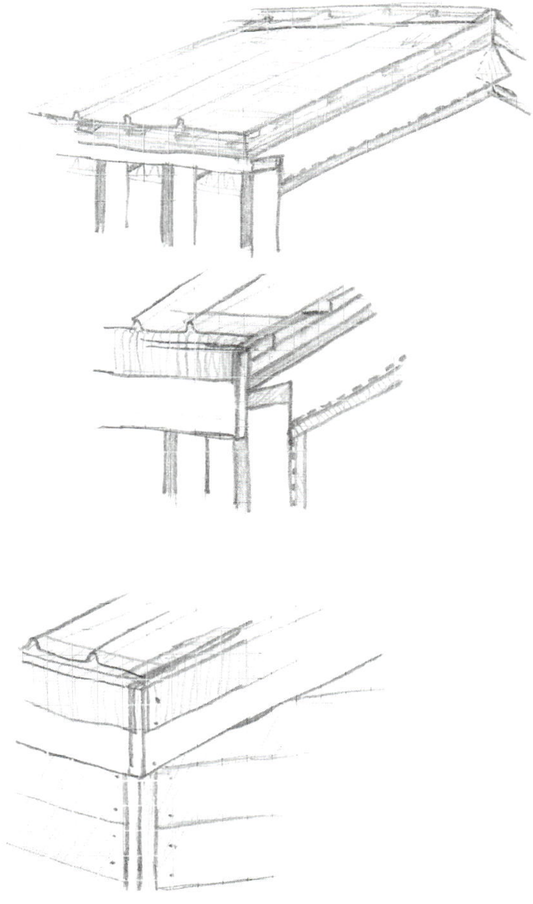

Wer seine Skizzen lieber elektronisch zeichnen möchte, kann auf das Programm SketchUP (www.sketchup.com) zurückgreifen. Das Programm ist in einer Grundversion für den privaten Gebrauch kostenlos und ermöglicht eine detaillierte Planung inklusive 3-D-Ansichten. Das Programm ist schon nach kurzer Einarbeitungszeit verständlich, auch Laien kommen damit zurecht. (Siehe Beispiel Fiona Bayer: www.tiny-house-projekt.ch/mein-projekt/modell)

DIE INSTANDHALTUNG

Bei einem Tiny House fallen etwas mehr Arbeiten für die Instandhaltung an als bei einem konventionellen Haus. Einerseits, weil die Außenverschalung oft aus Holz besteht, andererseits, weil das Fahrwerk eine regelmäßige Kontrolle benötigt.

Pflege durch Streichen und Ölen

Holz, das regelmäßig dem Regen und der Witterung ausgesetzt ist, braucht alle paar Jahre einen neuen Anstrich. Wie oft dieser Anstrich fällig ist, kommt auf die Holzart und die Behandlung des Holzes an. Ein Anstrich kann zwei bis zehn Jahre halten. Holz, das hinterlüftet ist und problemlos trocknen kann, kommt teilweise auch ganz ohne Nachbehandlung aus.

Kontrolle beim Straßenverkehrsamt oder TÜV

Damit man den Anhänger auf öffentlichen Straßen bewegen darf, muss je nach Anhängerart beim Straßenverkehrsamt bzw. TÜV eine regelmäßige Kontrolle auf Verkehrssicherheit vorgenommen werden.

In Deutschland und Österreich gilt: Alle Anhänger, die ein zulässiges Gesamtgewicht von mehr als 3,5 Tonnen haben, müssen jährlich kontrolliert werden. Dies gilt ab der ersten Inbetriebnahme.

In der Schweiz gelten folgende Regeln für Transportanhänger, einschließlich Anhänger mit aufgebautem Nutzraum, mit einem Gesamtgewicht über 0,75 Tonnen: Kontrolle erstmals nach fünf Jahren, jedoch spätestens sechs Jahre nach der ersten Inverkehrssetzung, anschließend nach drei Jahren, dann alle zwei Jahre.

Dachkontrolle

Das Dach sollte in regelmäßigen Abständen kontrolliert werden. Feuchtigkeit kann durch kleine Risse oder undichte Stellen eindringen und so zum Beispiel in die Isolation oder in Zwischenräume gelangen. Diese Schäden bemerkt man oft zu spät.

Ofen und Gas

Ein Holzofen oder Pelletofen muss bei regelmäßiger Nutzung ein- bis zweimal pro Jahr von einem Kaminfeger überprüft werden. Auch Gasinstallationen sollten mindestens alle zwei Jahre von einem Fachmann kontrolliert werden.

DIE TECHNISCHEN GRUNDLAGEN

Die Technik erschien mir immer als der schwierigste Teil beim Bau meines Tiny House. Um etwa die richtigen Werkzeuge zu finden, einen Stromplan zu verstehen oder einen Wasseranschluss zu installieren, immer wieder musste ich auf Suchmaschinen im Internet zurückgreifen und mich akribisch in die Materie vertiefen, um die technischen Belange zu verstehen.

Darum soll es in diesem Buch eine Übersicht über die wichtigsten Themen geben. Strom- und Wasseranschlüsse müssen natürlich von Fachpersonen installiert werden, aber ein allgemeines Verständnis davon ist dennoch wichtig. Gerade bei der Planung hilft es, wenn man die grundsätzlichen Begriffe und Bezeichnungen kennt und weiß, wo die Möglichkeiten, aber auch die Grenzen liegen.

Ein weiterer Aspekt ist, dass gerade beim Tiny House verschiedene Bereiche zusammenfließen. Es lassen sich Komponenten aus dem klassischen Hausbau nutzen, aber auch aus dem Campingbereich oder dem Bootsbau. Und wenn man diese verschiedenen Anwendungsbereiche kombinieren möchte, ist ein Grundverständnis der Materie nötig. Auch wenn mal eine kleine Reparatur anfällt oder etwas nicht so funktioniert, wie man es gerne hätte, sind Grundkenntnisse der verschiedenen Bereiche sehr hilfreich.

Gewisse Installationsarten und Techniken sind zwar von Land zu Land verschieden (zum Beispiel die unterschiedlichen Steckdosen), hier soll jedoch das Grundsätzliche und für alle Anwendbare beschrieben werden. Ich empfehle auf jeden Fall, am Schluss noch einen Experten vor Ort zu Rate zu ziehen.

WERKZEUGE

Folgende Werkzeuge werden auf jeden Fall benötigt:
Metermaß
Parallelanreißer
Handkreisäge, Kippsäge, Stichsäge
Metallsäge, Japansäge (Zugsäge)
Fein-Oszillierer
Cutter
Akkuschrauber inklusive Bits
Abisolierzange
Hammer, Nylonhammer
Schraubzwinge
Stechbeitel
Oberfräse
Hobel
Winkelschleifer
Schleifmittel
Laser
Phasenprüfer
Pinsel
Leiter
Wasserwaage
Handschuhe, Schutzbrille, Gehörschutz

FAHRZEUG UND ANHÄNGER

Grundsätzlich gilt ein Tiny House auf einem Anhänger als »normales« Fahrzeug. Das heißt, es gelten dieselben Gesetze wie für ein herkömmliches Fahrzeug bzw. einen herkömmlichen Anhänger. Zu beachten sind dabei folgende **Maße**:

Maximale Höhe:	4,0 Meter
Maximale Breite:	2,55 Meter (inkl. Überstände usw.)
Maximale Länge:	12,0 Meter

Das **Gewicht** des Tiny House hat natürlich einen Einfluss auf das Zugfahrzeug und die Bremsanlage. Ein PKW oder Transporter darf maximal 3500 Kilogramm ziehen. Wenn das Zugfahrzeug über eine durchgehende Bremsanlage verfügt, darf das Gewicht höher sein (je nach Zugfahrzeug bis 15 Tonnen). Dies ist zum Beispiel bei einem größeren Jeep, Dodge und anderen Off-Roadern der Fall.

Aber Achtung: Es gibt in der EU keine allgemeingültige Regelung. Die Bedingungen für eine Zulassung müssen für jedes Land individuell geklärt werden. Mit den oben genannten Werten sollte es allerdings in den meisten Ländern keine Probleme geben.

Ein weiteres Zulassungskriterium sind die **Fenster**. Diese müssen aus Sicherheitsglas sein und zum Beispiel in Deutschland einen Aufkleber mit der Bauartgenehmigungsnummer tragen.

Es gibt grundsätzlich zwei verschiedene Möglichkeiten der **Zulassung** für ein Tiny House: entweder als »Wohnwagen« oder als »Ladung«. Entscheidet man sich für die Zulassung als Wohnwagen, hat dies (zum Beispiel in Deutschland) Konsequenzen für die Art der Versicherung, da ein dauerhaftes Wohnen im Wohnwagen versicherungstechnisch nicht möglich ist. Alternativ lässt sich das Tiny House als »ordentliche Ladung« einordnen. Das bedingt aber, dass die Ladung »händisch« abmontiert werden kann. Das ist zwar grundsätzlich immer möglich, aber konstruktionstechnisch so gut wie unmöglich.

Bei der **Wahl des Anhängers** gibt es viele unterschiedliche Lösungen. Der deutsche Hersteller Vlemmix hat sich in der Szene einen Namen gemacht und bietet Lösungen in verschiedenen Größen an. Die kleineren Schäferwagen (bis 5 Meter) können für ein Tiny House etwas knapp sein, die größeren Anhänger (TH 540 bis TH 840) gibt es mit einer Länge von bis zu 8,4 Metern. Alle Anhänger von Vlemmix sind bis 3,5 Tonnen zugelassen. Natürlich bieten auch andere Firmen sogenannte Pritschen- oder Plattformanhänger an. Fahrzeugbauer können auch individuelle Lösungen herstellen.

Zu beachten: Sogenannte Drehschemelanhänger mit Auflaufeinrichtung sind in der EU nicht mehr zugelassen. In der Schweiz sind solche Anhänger aber noch erlaubt.

DAS STÄNDERWERK

Als Ständerwerk bezeichnet man das Grundgerüst des Tiny House. Ein traditionelles Ständerwerk besteht aus senkrechten Latten (Pfosten) und waagrechten Verstrebungen (Riegel) zum Beispiel für die Fenster. Zur Versteifung werden Querverstrebungen oder Windrispen (Stahlbänder) angebracht.

Eine Alternative dazu ist ein Rautenständerwerk, wie es beispielsweise beim Tech Tiny House zu sehen ist (Seite 48). Diese Grundkonstruktion fängt die seitlichen und horizontalen Kräfte besser ab.

Natürlich ist auch eine Kombination aus beidem möglich (ebenfalls bei Tech Tiny House zu sehen); sie erscheint mir als die beste Lösung für Tiny Houses.

Für den Aufbau der **Grundkonstruktion** kommen meist Latten in einer Dicke von 8 bis 10 Zentimeter zum Einsatz. Bei der Berechnung der nötigen Größe kommt es auf die Höhe des Tiny House, die Form, die Größe und die Anzahl der Fenster usw. an. Zur Berechnung der Statik sollte unbedingt ein Fachmann hinzugezogen werden.

Bei der **Montage** der Verbindungen empfiehlt sich, möglichst wenig Metall ins Ständerwerk einzubauen. Durch vorhandenes Metall können Kältebrücken entstehen, die Kondenswasser zur Folge haben. Stattdessen können Verbindungen verschraubt werden. Als grobe Faustregel gilt: Die Schraube sollte dreimal so lang sein wie das festzuschraubende Material. Gängige Schraubengrößen für das Ständerwerk sind 6 x 120, 6 x 160 oder 8 x 160 Torx-Schrauben.

Das Ständerwerk wird in den meisten Fällen modulmäßig aufgebaut. Man beginnt mit der Bodenplatte und macht dann weiter mit den Seitenwänden. Diese werden als Module zusammengeschraubt.

Obwohl das Ständerwerk groß und aufwendig erscheint, ist es vergleichsmäßig schnell aufgebaut.

HOLZARTEN

Hier eine kurze Übersicht über Hölzer, die man für ein Tiny House verwenden kann, mit ihren jeweiligen Vor- und Nachteilen.

Birke
Die Birke wächst in Europa, Asien und Nordamerika. Ihr Holz wird vor allem für den Innenbereich verwendet. Es hat eine gelbweiße oder rotweiße Farbe und ist von der Maserung her sehr schlicht. Es kann über die Zeit hinweg bräunlich werden. Für den Außenbereich ist Birkenholz nicht günstig, da es nicht witterungsbeständig und sehr anfällig auf Pilze und Insekten ist.

Buche
Die Buche ist einer der wichtigsten Bäume in Europa, kommt aber auch in Asien und Amerika vor. Buchenholz ist rötlich und kann im Alter leicht braun werden. Buchenholz ist sehr robust, es arbeitet jedoch stark und kann leicht Risse bekommen. Darum ist die Buche für den Außenbereich wenig geeignet.

Eiche
Die Eiche kommt in Mitteleuropa, aber auch in Asien und Amerika vor und gilt in Europa als wirtschaftlich zweitwichtigster Baum. Eichenholz ist hellbraun bis dunkelbraun. Die Jahresringe des Baumes sind sehr gut erkennbar, was die Maserung interessant macht. Eichenholz ist sehr robust und sehr witterungsbeständig, allerdings ist es auch ein sehr schweres Holz.

Fichte
Die Fichte (die Europäische Fichte wird auch Rottanne genannt) kommt in Europa und Nordasien sehr häufig vor. Fichtenholz ist weißgelblich bis braun; es wird sowohl im Innen- als auch im Außenbereich eingesetzt und ist sehr robust.

Kiefer
Die Kiefer kommt in ganz Europa vor. Das in Europa erhältliche Kiefernholz stammt oft aus Skandinavien oder Russland. Die Farbe von Kiefernholz ist gelblichweiß bis rötlichgelb. Es kann über län-

gere Zeit rotbraun nachdunkeln. Für den Außenbereich ist Kiefernholz nicht ideal. Mit Schutzmitteln wird es etwas witterungsbeständiger.

Kirschbaum

Kirschbäume kommen in ganz Europa vor. Kirschbaumholz ist goldbraun bis rötlich, es gilt als sehr edel, weil es viel Wärme ausstrahlt. Kirschholz ist eher für den Innenbereich gedacht, da es nicht sehr witterungsbeständig ist.

Linde

Die Linde ist in ganz Europa heimisch. Ihr Holz ist gelblich bis rot, es ist sehr weich und eignet sich nicht für den Außenbereich.

Nussbaum

Der europäische Nussbaum sieht anders aus als der amerikanische. Die Farbe seines Holzes kann von Grau bis Braun reichen, die Maserung macht das Holz sehr spannend. Nussbaumholz ist sehr hart und sehr resistent gegen Pilz- und Insektenbefall.

Weißtanne

Die Weißtanne kommt vor allem in Mittel- und Südeuropa vor. Ihr Holz ist weißgelblich und dunkelt mit der Zeit nach. Weißtannenholz wird vor allem für den Innenausbau verwendet, es ist für den Außenbereich nicht geeignet.

OSB- oder Grobspanplatten

OSB-Platten (englisch für »oriented strand board« bzw. »oriented structural board«, damit sind gepresste Platten aus ausgerichteten Holzspänen aller möglichen Holzarten gemeint) sind durch die langen Späne sehr biegefest. Die Platten weisen auch einen hohen Wasserdampf-Diffusionswert auf. OSB-Platten werden oft im Rohbau eingesetzt, können durch ihr Aussehen aber auch ein dekoratives Element sein.

HOLZVERBINDUNGEN

Es gibt unzählige Holzverbindungen, und jede Einzelne davon hat ihre Vor- und Nachteile. Hier werden ein paar wenige wichtige Verbindungen gezeigt, die oft beim Tiny-House-Bau zum Einsatz kommen. Holzverbindungen können verschraubt, verleimt oder genagelt werden. In den meisten Fällen kommen Schrauben zum Einsatz.

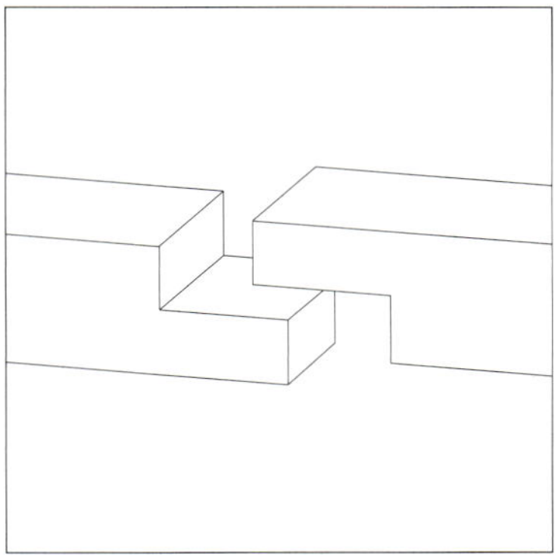

Blattstoß

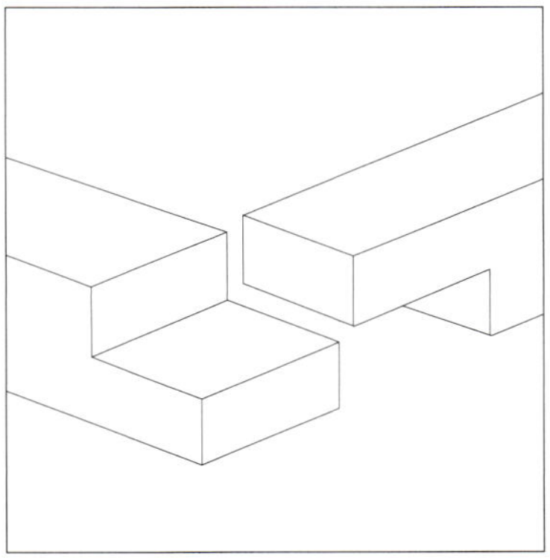

Glattes Eckblatt

Scherzapfen

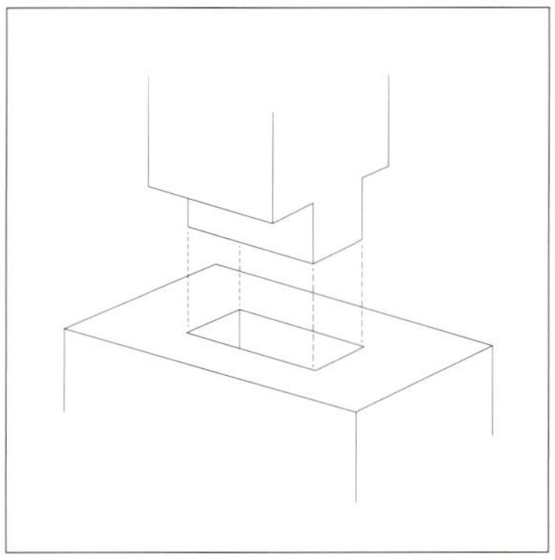

Normaler Zapfen

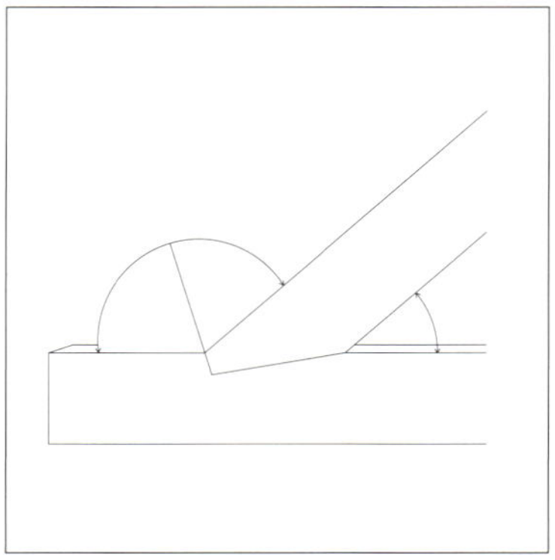

Stirnversatz

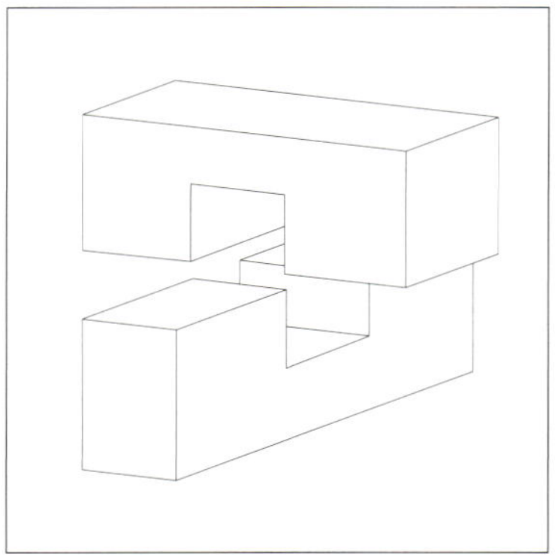

Überblattung

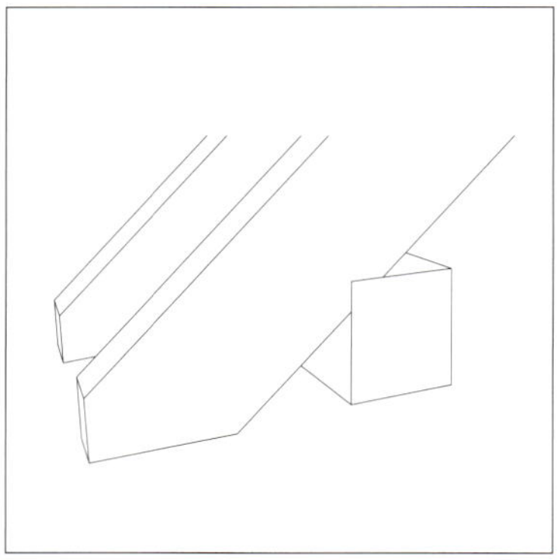

Kerve

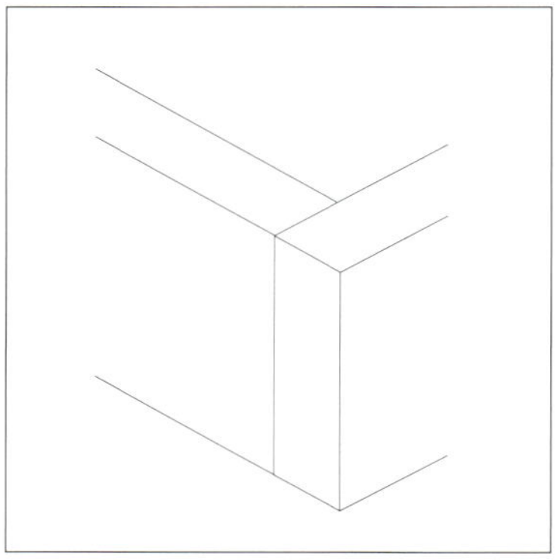

Stoßverbindung

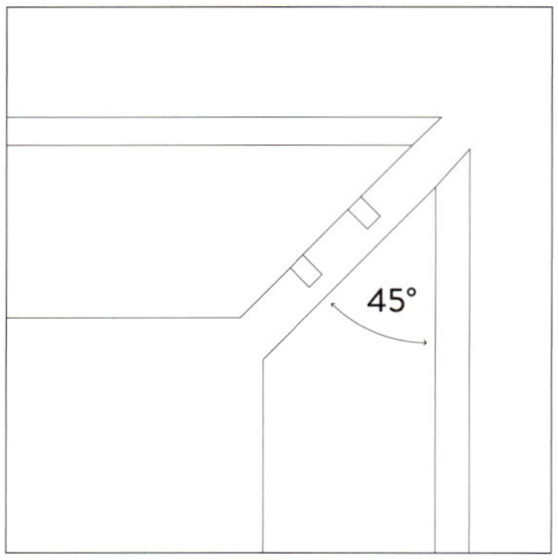

Gehrungsverbindung

DAS DACH

Beim Dach scheiden sich oft die Geister. Das Dach muss nicht nur ästhetischen Ansprüchen genügen. Es gibt viele Gründe, die für oder gegen eine bestimmte Dachform sprechen. Für die einen ist ein Satteldach zwingend, damit es sich um ein »richtiges« Tiny House handelt, für andere ist ein Flachdach zweckmäßiger und sinnvoller.

Flachdach

Viele moderne Tiny Houses besitzen ein Flachdach. Da das Tiny House in der Höhe beschränkt ist (meist maximal vier Meter), will man den vorhandenen Raum möglichst gut nutzen. Durch ein Flachdach bieten sich dafür viele Möglichkeiten, da kein Platz durch Schräge oder Neigung verloren geht. Ein weiterer Vorteil eines Flachdachs ist die Möglichkeit, darauf zum Beispiel eine Sumpfpflanzen-Wasseraufbereitungsanlage anzubringen.

Ein Nachteil des Flachdachs ist allerdings, dass durch zusätzliche Last (beispielsweise von Schnee) das Tiny House eine höhere Belastung aushalten muss. Auch kann stehendes Wasser bei einem Flachdach zum Problem werden. Gute Abdichtung und regelmäßige Kontrollen des Dachs sind hier häufiger nötig.

Satteldach

Das Satteldach ist eine klassische Dachform, die man von vielen Häusern kennt und die der Idee eines »Hauses auf Rädern« am nächsten kommt. Das Satteldach lässt sich mit verschiedensten Materialien decken, klassische Ziegel sind allerdings für ein Tiny-House-Dach am wenigsten geeignet. Einerseits wegen des Gewichts, anderer-

Flachdach

Satteldach

Pultdach

seits wegen der Instabilität beim Transport. Es gibt aber Blechdächer, die ein ziegelähnliches Aussehen haben (Metalldachpfannen).

Der Vorteil eines Satteldachs ist, dass Regenwasser sauber ablaufen und über eine Regenrinne gesammelt werden kann. Der Dachraum kann zum Beispiel als Schlafraum genutzt werden. Es sollten dort allerdings Fenster und Lüftungsmöglichkeiten angebracht werden, da sich sonst im Sommer Stauhitze bilden kann.

Pultdach

Das Pultdach ist ein nach einer Seite geneigtes Flachdach. Es bietet die Vorteile des Flachdachs (Platzausnutzung), verhindert aber die Stehnässe. Ein Pultdach kann – wenn es zur Sonne ausgerichtet ist – im Inneren sehr viel Hitze erzeugen und sollte deshalb gut isoliert sein. Ein Pultdach ist durch seine Neigung auch für das Anbringen einer Solaranlage gut geeignet.

ISOLATION ODER DÄMMUNG

Grundsätzlich geschieht der Aufbau der Wand folgendermaßen: Es gibt eine Holzfassade. Hinter der Holzfassade sollte eine Windsperre montiert sein. Dann folgt die Isolation, die Dampfbremse und die Innenwand. Das Ganze sollte diffusionsoffen sein, damit ein Luftaustausch stattfindet und das Haus »atmen« kann. Möglich ist auch eine zusätzliche Hinterlüftung als extra Temperatur-Puffer oder damit das Holz bei Feuchtigkeit besser trocknen kann.

Alle diese Komponenten können einen massiven Einfluss auf den U-Wert (Wärmedurchgangskoeffizient, siehe Seite 193) und das Raumklima haben. Daher gilt es, sich vor dem Bau gut zu informieren. Die örtlichen Klimabedingungen (feucht, heiß, kalt usw.) sind bei der Art und Weise der gewählten Isolation und Dämmung zu berücksichtigen.

Holz

Die meisten Tiny-House-Hersteller arbeiten mit regionalem Holz, das an die örtlichen Klimabedingungen angepasst ist. Bei der Auswahl des Holzes spielen unter anderem auch Budget, Gewicht und Verfügbarkeit eine Rolle. Es gibt diesbezüglich keine allgemeingültige beste Lösung für alle Tiny Houses.

Windsperre

Eine Wärmedämmung (offenporig) sollte vor dem Auskühlen durch Wind geschützt werden. Darum muss vor der Dämmung eine Windsperre montiert werden. Diese Windsperre sollte dampfdurchlässig sein. Bei der Montage ist darauf zu achten, dass die Sperre komplett dicht montiert wird. Das Montieren bzw. Befestigen geschieht in der Regel mit einem speziellen Dampfsperren-Klebeband.

Isolation

Kaum ein Thema im Bereich der Tiny Houses ist so umstritten wie das der Isolation. Wie schon erwähnt, hat der Standort und die Umgebung einen massiven Einfluss auf das Klima um und im Wagen. Was also an einem Ort funktioniert, kann an einem anderen Ort zum Problem werden. Da hilft es, mit regionalen Handwerkern zu sprechen und sich auszutauschen.

Als Material für die Isolation stehen unzählige Möglichkeiten zur Verfügung: Holzwolle, Steinwolle, Schafwolle, Hanfwolle sind die »klassischen« Lösungen. Aber auch neuere Technologien wie zum Beispiel Aerogel oder die Wärmedämmfolie ISUM MF 14 verbreiten sich immer mehr. Ebenso finden Lösungen aus dem Camper-Bereich und aus dem Schiffsbau ihren Weg in den Tiny-House-Bau.

Dampfbremse

Eine Dampfbremse verhindert, dass Wasserdampf bzw. Feuchtigkeit aus dem warmen Innenraum in die Isolation gelangt. Es gibt verschiedene Grade der Dichtheit, von diffusionsoffen bis diffusionsdicht. Im Tiny-House-Bau sollte eine diffusionsoffene Lösung verwendet werden. Der Wasserdampf-Diffusionswiderstand wird in der Einheit sd angegeben.

sd ≤ 0,5 m	diffusionsoffen
0,5 m < sd ≤ 10 m	diffusionsbremsend
10 m < sd ≤ 100 m	diffusionsbremsend
100 m < sd ≤ 1500 m	diffusionssperrend
sd > 1500 m	diffusionsdicht

Auch die Dampfbremse wird mit einem speziellen Klebeband montiert.

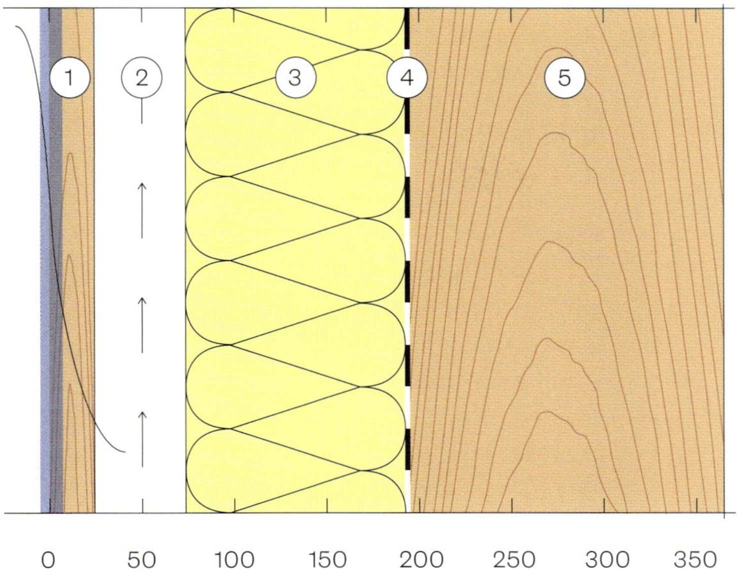

So isoliert der Tiny-House-Hersteller Wohnwagon.

1 Lärchenschalung
2 Hinterlüftungsebene
3 Holzfaserplatte
4 Dampfbremse
5 Vollholzelement

U-Wert von 0,19 w/m²K

Der U-Wert (Wärmedurchgangskoeffizient)

Der U-Wert (zum Beispiel bei Fenstern) gibt an, wie hoch der Wärmedurchgangskoeffizient ist, das heißt, wie gut die Wärmedämmung des betreffenden Baukörpers ist. Umso tiefer die Zahl ist, umso besser ist die Wärmedämmung.

Jeder Körper hat einen bestimmten Wert, die Werte aller Körper lassen sich über einen Rechner zu einem Gesamtwert zusammenzählen. Hilfreich ist hier der U-Wert- bzw. Taupunkt-Berechner unter: www.gonon.ch/u-wert-rechner.html

Der Taupunkt

Bei warmen Innentemperaturen und kalten Außentemperaturen kann es vorkommen, dass die Scheiben im Inneren beschlagen – das kennt man zum Beispiel vom Auto und von älteren Häusern. Diese Reaktion lässt sich mit dem Taupunkt bzw. der Taupunkttemperatur erklären. (Das ist bei Luft mit einer bestimmten Luftfeuchtigkeit die Temperatur, bei deren Unterschreiten Wasserdampf in Form von Tau oder Nebel abgeschieden wird.) Sind Oberflächen mindestens so kalt wie der Taupunkt, setzt sich das Wasser an den Oberflächen ab. Das nennt man Kondensation.

Beim Bau eines Tiny House ist elementar, dass der Taupunkt außerhalb der Wand, also im Außenbereich, und keinesfalls in der Wand liegt. Dies ist bei der Planung der Isolation bzw. des Wandaufbaus unbedingt zu berücksichtigen. Wenn der Taupunkt innerhalb der Wärmedämmung liegt, kondensiert das Wasser dort, und es kann Schimmel entstehen. Mögliche Ursachen können sein: Die Wärmedämmung ist zu dünn oder dämmt zu wenig; oder die Dampfbremse ist diffusionsdicht und lässt keine Luft zirkulieren.

FENSTER UND TÜREN

Wer sich mit der Planung eines Tiny House beschäftigt, merkt schnell, dass Fenster, die sich nach innen öffnen, nicht ideal sind. Denn solche Fenster nehmen in geöffnetem Zustand zu viel Platz im Innenraum weg.

Dänenfenster

Fenster, die sich nach außen öffnen, sind hier die bessere Lösung. Während in Zentraleuropa diese Art von Fenstern nicht sehr verbreitet ist, wird in Skandinavien fast nur so gebaut. Die starken Winde am Meer könnten sich nach innen öffnende Fenster leicht aufdrücken, sodass sie nicht mehr ganz dicht sind und Wasser eindringen kann. Sich nach außen öffnende Fenster hingegen werden dadurch noch stärker an den Rahmen gedrückt. Die sogenannten »Dänenfenster« sind in Zentraleuropa oft nur als Spezialanfertigung erhältlich.

Schiebefenster

Eine weitere Variante sind Schiebefenster. Bei der englischen Variante lässt sich die halbe Fensterfläche nach oben verschieben. Das ist aber sowohl eine Platz- als auch eine Stilfrage.

Klapp-Schwing-Fenster

Eine weitere Fensterversion ist das sogenannte Klapp-Schwing-Fenster, das bei herkömmlichen Gebäuden im Dachbereich verbaut wird. Solche Fenster können auch an senkrechten Wänden montiert werden. Es gibt zudem Hersteller von Fenstern, die sich um 90 Grad öffnen lassen.

Fenster können zwei- oder dreifach verglast sein. Je nach Verglasung ergibt sich ein unterschiedlicher sogenannter Ug- bzw. Uw-Wert: Das U steht für *Wärmedurchgangskoeffizient* (siehe auch Kapitel »Isolation«, Seite 191), das g für *glazing* (Glas). Das W steht für *window* (Fenster).

Der Ug-Wert steht für den messbaren Wärmedurchgang von Luft durch die Verglasung. Und der Uw-Wert zeigt den messbaren Wärmedurchgang von Luft durch das ganze Fenster an. Als Resultat erhält man einen Wert in Watt pro Quadratmeter mal Kelvin: W/(m²K). Grundsätzlich gilt: Je tiefer der Wert, umso weniger Wärme geht durch das Fenster verloren.

In manchen Ländern müssen die Fenster aus Schutzglas bestehen, damit das Tiny House auf der Straße transportiert werden darf. Dieses sogenannte Verbund-Sicherheitsglas (VSG) hat den Vorteil, dass es nicht bricht, sondern die einzelnen Glassplitter bindet, was eine viel höhere Sicherheit bietet. Neben dem VSG- gibt es auch Einscheiben-Sicherheitsglas. Dieses genügt zum Beispiel in Deutschland für eine Zulassung.

	Verglasung 2-fach	Verglasung 3-fach
Ug-Wert (Verglasung)	1,1 W/(m²K)	0,6 W/(m²K)
Uw-Wert (ganzes Fenster)	1,3 W/(m²K)	0,95 W/(m²K)

Bei den für den Fensterrahmen verwendeten Materialien gibt es drei Arten: Kunstoff-, Holz- und Alufenster. Jedes dieser Materialien hat seine Vor- und Nachteile.

Kunststofffenster

Kunststofffenster sind die günstige Lösung. Die Fenster können auch mit einem zusätzlichen Dekor, zum Beispiel in verschiedenen Farben oder als Holzdekor versehen sein.

Die Vorteile: Kunststofffenster sind neben dem günstigen Preis einfach zu pflegen (Kunststoff verwittert nicht so schnell), und sie haben nur ein geringes Gewicht.

Die Nachteile: Sie sind oft nur in Standardgrößen erhältlich und können leicht »billig« aussehen. Außerdem stellt sich die Frage der ökologischen Vertretbarkeit von Kunststoff.

Holzfenster

Holzfenster sind der Klassiker im Fensterbau. Dank des Holzes sind die Fenster feuchtigkeitsregulierend, wodurch auch Schimmelbildung reduziert wird. Preislich liegen Holzfenster höher als Kunststofffenster.

Die Vorteile: Holzfenster sind oft in Maß- und Spezialanfertigungen möglich; Anpassungen (auch nachträglich) sind möglich. Holzarten und die Art der Verglasung sind frei wählbar. Und es lassen sich dafür lokale Materialien verwenden.

Die Nachteile: Holzfenster haben ein höheres Gewicht, und der Unterhaltsaufwand (Streichen, Lackieren usw.) ist größer.

Aluminiumfenster

Die Vorteile von Aluminiumfenstern: Sie können größere Glasflächen besser stützen, sie wirken dank der schmalen Aluprofile etwas filigraner, auch verschiedene Farbtöne sind möglich. Zudem sind sie sehr pflegeleicht, sehr langlebig und haben ein geringeres Gewicht als Holzfenster.

Die Nachteile: Aluminiumfenster sind teurer als Holzfenster. Außerdem stellt sich die Frage nach der ökologischen Vertretbarkeit von Aluminium.

Tiny Houses stehen oft auf dem Land und in der Nähe von Bauernhöfen, wodurch man vermehrt mit Insekten zu kämpfen hat. Fliegen, Mücken und Käfer können im Sommer zum Problem werden, da wegen der Hitze die Fenster oft geöffnet sind.

Zur Bekämpfung von Insekten können Insektensprays, Mückenstecker oder UV-Lampen zum Einsatz kommen, die aber meist keine rundum befriedigende Lösung bieten.

Wer bereits bei der Planung seines Tiny House Fliegengitter berücksichtigt, kann diese von Anfang an sauber installieren, wodurch sich das Insektenproblem auch bei geöffneten Fenstern sauber lösen lässt. Allerdings müssen dann sämtliche Fenster und Türen mit Insektengittern versehen werden. Eine Alternative ist ein über das Bett montiertes Moskitonetz, das zumindest für eine gute Nachtruhe sorgt.

DIE INNENWÄNDE

Beim Innenausbau spielen sowohl die Materialien als auch Farben eine große Rolle. Die meisten Hersteller verwenden für den Innenausbau Holz. Sowohl Holzplatten als auch Täfelungen sind möglich. Bei beiden gibt es keine großen Vor- oder Nachteile. Es ist vor allem Geschmacksache.

Eine Alternative zu Holz sind Lehmwände. Dafür wird Lehmputz auf eine Holzwand aufgezogen. Dies kann sowohl als dekoratives Element dienen, wie auch helfen, die Feuchtigkeit im Inneren des Tiny House zu regulieren. Lehm nimmt viel Feuchtigkeit auf und gibt diese dann langsam wieder ab. Eine Lehmwand kann zum Beispiel in einem Badezimmer eine spannende Lösung sein, um eine zu hohe Luftfeuchtigkeit zu vermeiden.

Eine größere Lehmwand kann auch als Wärmespeicher fungieren, wie zum Beispiel im Ökominihaus von Tanja Schindler: Dort dienen die Stampflehmwände als Wärmespeicher.

STROM

Grundlagen

Bei der Beschäftigung mit der Stromplanung eines Tiny House hat man schnell mit den Begriffen Spannung, Ampere, Watt und Volt zu tun. Sei es in Zusammenhang mit der Hausinstallation oder mit dem Kauf oder der Planung einer Solaranlage oder eines Batteriespeichers.

Strom ist überall im Tiny House ein Thema. Möchte man eine Herdplatte mit Strom betreiben, spielt deren Wattzahl eine Rolle. Und auch die Frage der Lebensdauer von Batterien oder Akkus will beantwortet sein.

Beginnen wir bei der **Wattzahl**. Jedes Gerät, das am Strom angeschlossen wird, ist ein Verbraucher, der eine gewisse Anzahl Watt (P) benötigt. So braucht ein Laptop zum Beispiel 80 bis 120 Watt, das Ladegerät des Smartphones etwa 40 Watt, ein Staubsauger 800 Watt und eine LED-Lampe rund 7 Watt, um nur ein paar Beispiele zu nennen. Die Wattzahl ist bei den meisten Geräten vermerkt.

Die zweite Kennzahl, die wir brauchen, ist die Angabe der **Spannung** in Volt (U). Eine Haushaltssteckdose hat 230 Volt. Eine Autobatterie oder die meisten Speicherbatterien für Tiny Houses haben 12 Volt. Es können aber auch 24, 36 oder 48 Volt sein.

Die dritte Kennzahl sind die **Ampere** (I). Die Leistung einer Batterie bzw. von Akkus wird in Amperestunden (Ah) angegeben. Bei kleineren Akkus (zum Beispiel Batterypacks für das iPhone) spricht man von Milliamperestunden (mAh). Die Umrechnung: 1000 mAh ist 1 Ah.

Nun können wir mit dem Rechnen beginnen. Die **Formel** dazu lautet: P = U x I, also Watt = Volt x Ampere.

Wollen wir wissen, wie lange wir unser Tiny House ohne Ladung über die Solarzellen betreiben können, müssen wir zuerst die Gesamtwattzahl unserer »Verbraucher« kennen (wie man das genau herausfindet, wird später beschrieben).

Nehmen wir einmal beispielhaft an, unser Tiny House verbraucht 50 Watt und unsere Speicherbatterie hat 12 Volt und 120 Ah. Das ergibt 12 Volt x 120 Ah = 12 x Volt x 120 x Ampere x Stunde = 1440 x (Volt x Ampere) x Stunde = 1440 x Watt x Stunde = 14440 Wh. Wir können unser Tiny House also mit dieser Speicherbatterie rund (1440 Wh)/(50W) = (1400/50) x (W/W) x h = 28 x 1 x h = 28 Stunden betreiben. Wenn wir nun aber eine halbe Stunde lang einen Staubsauger mit 800 Watt benutzen, brauchen wir 400 Watt von der Gesamtleistung dieser Batterie, was natürlich die Laufdauer der Speicherbatterie schmälert. (Streng genommen müssten noch die durch die Umwandlung von 12 Volt auf 230 Volt entstehenden Verluste von ca. 10 Prozent eingerechnet werden; für die Grundrechnung lassen wir sie aber weg.)

Ein weiteres Beispiel. Eine Haushaltssteckdose hat 230 Volt und 10 bis 16 Ampere (je nach Land und Elektroinstallation). Wir können also über eine solche Steckdose maximal 2300 Watt beziehen, bevor der Leitungsschutzschalter (bzw. FI) rausfliegt (U x I = P bzw. 230 Volt x 10 Ampere ergibt 2300 Watt). Wenn also ein Tiny House über eine herkömmliche Steckdose betrieben werden soll, darf der maximale Verbrauch 2300 Watt nicht überschreiten.

Bei der Planung des Tiny House muss also unbedingt berücksichtigt werden, wie hoch die einzelnen Stromverbraucher sind und welche Geräte man gleichzeitig betreiben kann und darf! Eine gute Möglichkeit, um die bestehenden Verbraucher zu messen, sind die Stromadapter von myStrom. Mit diesen lässt sich der genaue Verbrauch der angeschlossenen Geräte anzeigen. Zudem können die angeschlossenen Geräte per Zeitschaltuhr oder manuell aus- bzw. eingeschaltet werden.

Natürlich gibt es auch Steckdosen, die höhere Leistungen erlauben; diese erkennt man an unterschiedlichen Bauarten. Eine 32-Ampere-Steckdose sieht anders aus als eine mit 16 Ampere. Achtung: Solche Steckdosen liefern unter Umständen 400 Volt (eine Überspannung könnte alle angehängten nicht darauf ausgelegten Geräte zerstören).

Die Stecker kann man eigentlich nicht falsch anschließen, trotzdem sollte man sich unbedingt vorher mit einem Elektriker absprechen.

Die Übersicht über den Stromverbrauch in der MyStrom-App.

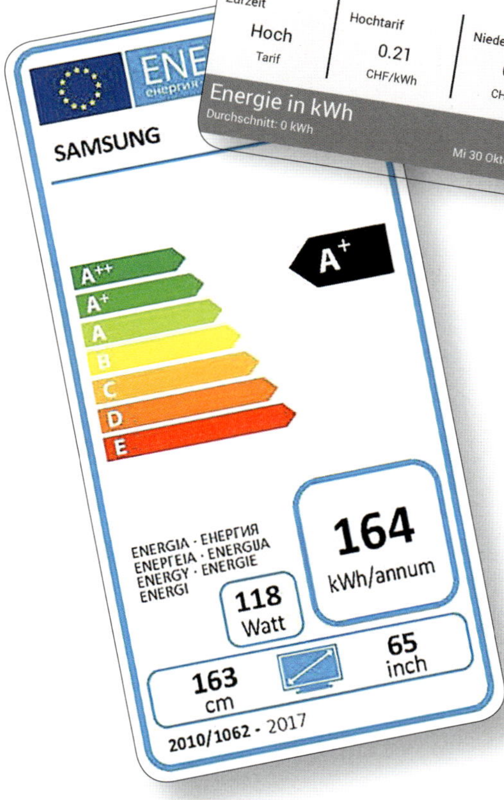

Auf den Energielabels von Elektrogeräten ist der Stromverbrauch ersichtlich (hier 118 Watt).

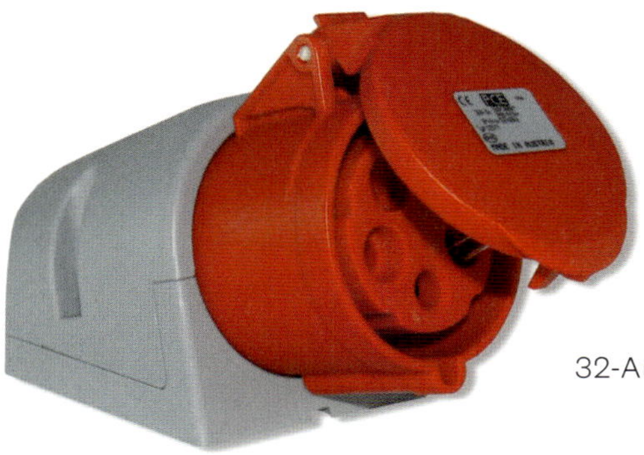

32-Ampere-Steckdose

Installation

Bei der Planung der Elektroinstallation hilft es, wenn man die gängigsten auf Installationsplänen verwendeten Elektrosymbole kennt. Die wichtigsten sind die folgenden:

Leitung auf oder in der Wand

Leitung auf oder im Boden

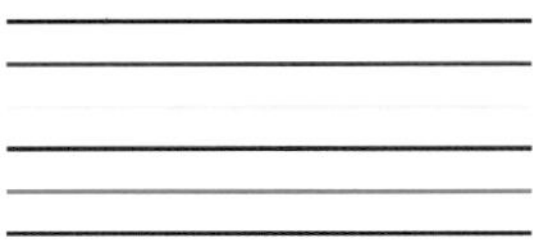

Blau: Licht
Rot: Kraft
Gelb: Wärme
Braun: Schwachstrom
Grün: Telefonie
Violett: Antenne (z. B. TV)

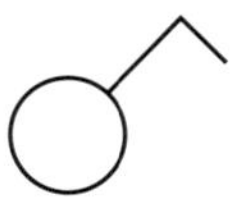

Schalter

Steckdose

Wandleuchte

Deckenleuchte

Bei der Installation von Stromkabeln müssen **Leerrohre** verlegt werden, durch welche dann die Stromkabel gezogen werden. Diese Leerrohre dienen zum einen der Sicherheit, sie haben aber auch den Vorteil, dass in Zukunft weitere Kabel eingezogen werden können.

Leerrohre gibt es mit Durchmessern von 16 bis zu 63 Millimetern. Ein Stromkabel hat einen Durchmesser von etwa 8 Millimeter (3-adrig). Es empfiehlt sich also, ausreichend große Leerrohre zu verlegen, sodass man in Zukunft weitere Kabel einziehen oder bestehende Kabel einfacher austauschen kann.

Der Einzug der Stromkabel erfolgt mittels Einzugsdraht. Alternativ kann eine Schnur verwendet werden. Wenn ein Wattebausch an das eine Ende der Schnur gebunden wird, kann dieser mit dem Staubsauger durch das Rohr gesogen werden. Diese Methode erfordert zwar ein paar Anläufe, aber sie funktioniert.

Beim Strom unterscheidet man zwischen **Gleichstrom** und **Wechselstrom**. Gleichstrom fließt nur in eine Richtung von + nach –. Wechselstrom fließt in beide Richtungen.

Die meisten Haushaltsgeräte sind für Wechselstrom ausgelegt. In klassischen Bauten findet man meist eine Wechselstrom-Installation, es gibt aber gerade im Camping- und Bootsbereich oft Lösungen, die mit Gleichstrom funktionieren. Über einen Wechselrichter lässt sich Gleichstrom in Wechselstrom konvertieren.

Für ein Tiny House ist die einfachste Lösung eine Installation mit Wechselstrom. Alternativ kann man aber auch zwei separate Installationen vornehmen (eine für Wechselstrom und eine für Gleichstrom).

Externer Wechselstrom (zum Beispiel von einer Außensteckdose) wird über ein Hauptkabel ins Innere des Hauses geführt. Dort kann das Kabel über einen Sicherungskasten auf weitere Steckdosen verteilt werden. Der Sicherungskasten ist eine zusätzliche Absicherung, falls es irgendwo eine Fehlspannung oder einen Kurzschluss gibt.

Bei den meisten Strominstallationen kommt man mit drei Leitern aus (3-adriges Kabel). Es gibt einen Nullleiter (blau), eine Phase oder einen Leiter (braun oder schwarz) und eine Erdung (grün/gelb). Diese Leiter haben entsprechende Kürzel: Nullleiter (N), Phase oder Leiter (L oder L1) und Erdung bzw. der Schutzleiter (PE = protective earth). Die entsprechenden Bezeichnungen sind auf Schaltern und Steckdosen vermerkt.

Steckdosen können auch in Serie geschaltet werden. Das heißt, man kann ein Kabel direkt von einer Steckdose in die nächste stecken. Aber Achtung: Die angeschlossenen Verbraucher addieren sich. Man kann also nicht pro Steckdose 2300 Watt anschließen, sondern insgesamt!

Idealerweise werden große Verbraucher (zum Beispiel Boiler oder Heizung) separat angeschlossen und nicht über mehrere Steckdosen geschlauft. Ein konstanter Verbraucher kann ein zu kleines Stromkabel erhitzen und so zu einem Kurzschluss führen.

LICHT

Die Möglichkeiten zur Installation von Lampen haben sich in den letzten Jahren verändert. Früher war es noch nötig, zwischen dem Schalter und der Lampe eine direkte Verbindung mit einem Stromkabel zu haben, was einiges an Planung erforderte. Auch die nachträgliche Installation von Lampen war schwieriger, da oft keine Leerrohre mehr frei waren, oder diese an eine falsche Position führten.

Mit der heutigen **WLAN**-Technologie gibt es die Möglichkeit, die Schalter bzw. die Leuchtmittel über WLAN zu steuern. So müssen die gewünschten Leuchtmittel nur an den Strom angeschlossen und anschließend mit dem WLAN verbunden werden. Dann kann über programmierbare Schalter gewählt werden, welche Leuchte wann eingeschaltet werden soll. Bekannte Smart-Home-Systeme gibt es zum Beispiel von Philips oder Osram. Alle Systeme brauchen eine Basis und können dann nach Belieben erweitert werden. Auch die Steuerung per App ist möglich.

Der Nachteil dieser Systeme ist, dass es ein WLAN braucht. Die Smart-Lösung von IKEA funktioniert auch ohne WLAN; es sind Schalter erhältlich, die über eine Funkverbindung funktionieren. Falls auf Strahlung verzichtet werden soll oder

Schema 0 bzw. die klassische AUS-Schaltung.

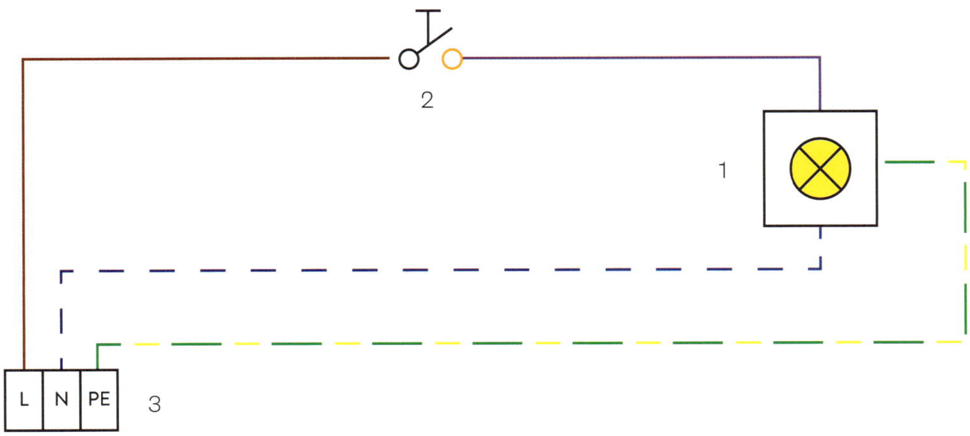

Lumen	100 Lm 500 Lm 1000 Lm 1500 Lm 2000 Lm 2500 Lm 3000 Lm 3500 Lm 4000 Lm 4500 Lm
Glühbirne	15 W 40 W 60 W 75 W 100 W 150 W 200 W
Energiesparlampe	3 W 5 W 7 W 11 W 15 W 20 W 23 W
Halogenlampe	10 W 20 W 35 W 50 W 75 W 100 W
LED-Birne	3W 5W 8W 10 W 20 W 30 W 50 W

wenn es an einem entlegenen Ort vielleicht kein Netz gibt, braucht es die vorangehend beschriebene klassische Licht-Installation.

Auch bei den **Leuchtmitteln** gibt es große Unterschiede. In den letzten Jahren fand die Umstellung auf LED statt, die weniger Strom verbrauchen. Halogen-Spotlampen können immer noch große »Stromfresser« sein. Die Informationen über den Stromverbrauch findet man jeweils auf der Verpackung.

Je mehr Leistung eine LED-Lampe hat, desto heller ist sie. Allerdings lassen sich LED-Lampen anhand der Leistung nicht mit Glühlampen vergleichen. Die Lichtausbeute wird bei LED-Leuchten in Lumen pro Watt angegeben. Diese Liste bietet eine kleine Hilfe bei der Wahl der richtigen Lumenzahl.

SOLAR

Von Solarthermie spricht man, wenn Wärme aus Sonnenenergie gewonnen wird, zum Beispiel für die Warmwasseraufbereitung oder für Wärme zur Raumheizung. Photovoltaik bezeichnet die Gewinnung von Strom aus Sonnenenergie. Die Systeme unterscheiden sich grundsätzlich in Aufbau und Funktion.

Die **Größe** der Solaranlage muss anhand der vorhandenen Verbraucher bzw. deren Stromverbrauch berechnet werden. Braucht ein Tiny House zum Beispiel 1000 Watt pro Tag, sollte die Solaranlage mehr Strom als 1000 Watt erzeugen können. Dabei sind mehrere Faktoren zu berücksichtigen, beispielsweise: Wie ist der Winkel der Sonneneinstrahlung, und welche Dauer hat die Sonneneinstrahlung?

Die elektrische **Leistung** von Solarmodulen wird in der Regel in Watt (W) angegeben, die größte abzugebende elektrische Leistung in Watt Peak (WP). Dabei handelt es sich immer um die Spitzenleistung unter idealen Testbedingungen. Darum sollte die Solaranlage immer etwas größer eingeplant werden, als der effektive Verbrauch ist.

Zudem muss die effektive Sonneneinstrahlung berücksichtigt werden. Dabei ist zwischen direkter und indirekter Sonneneinstrahlung zu unterscheiden. Direkte Sonneneinstrahlung trifft unmittelbar auf das Solarpanel auf. Indirekte Sonneneinstrahlung bedeutet Sonneneinstrahlung beispielsweise durch Nebel, Wolken usw. auf das Panel. Abgesehen von der Sonneneinstrahlung muss außerdem auch der **Winkel** zur Sonne berücksichtigt werden. Der optimale Aufstellwinkel beträgt in Zentraleuropa etwa 30 oder 35 Grad. Bei der Installation auf einem Tiny House ist zu beachten, dass möglicherweise die Position der Solarmodule je nach Standort keine idealen Ergebnisse liefert. Entweder muss dann das Tiny House versetzt werden, sodass die Module besser zur Sonne zeigen, oder die Solaranlage muss losgelöst vom Tiny House betrieben werden (zum Beispiel auf einer Konstruktion daneben).

Wie bei Akkus können Solarmodule sowohl parallel als auch seriell montiert werden. Bei der seriellen Montage vervielfacht sich die Spannung. Bei einer parallelen Montage wird der Strom vervielfacht.

Über einen Kollektor wird das Wasser im Kombispeicher erhitzt. Von dort erfolgt dann die Verteilung zum Warmwassermischer oder zur Heizung

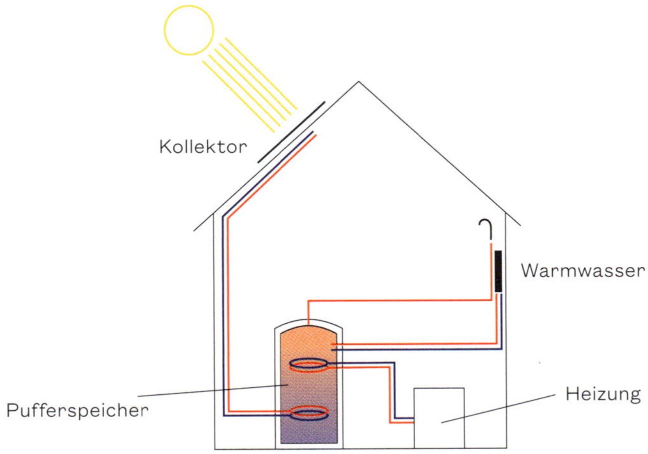

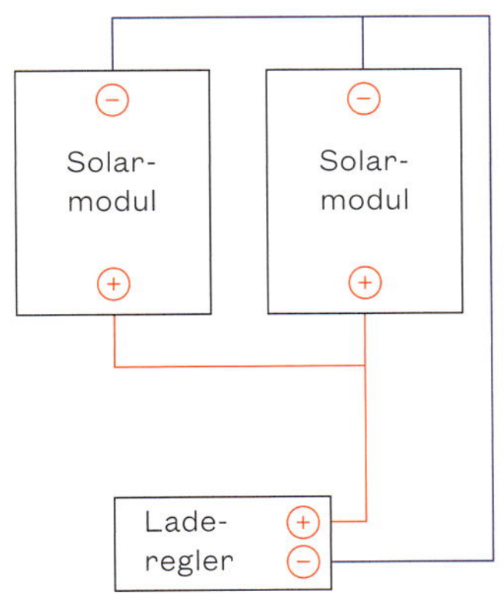

Parallelschaltung

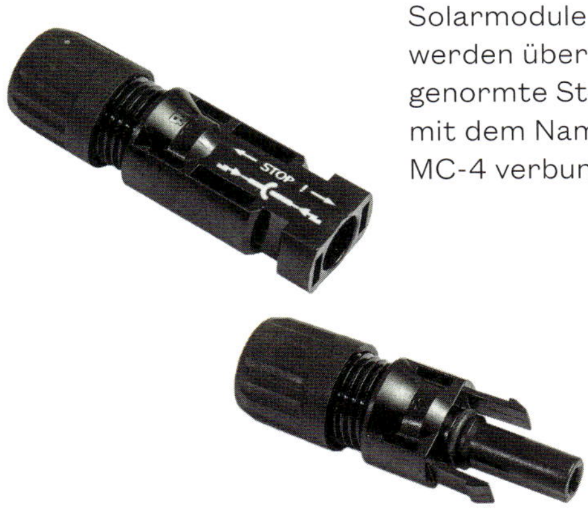

Solarmodule werden über genormte Stecker mit dem Namen MC-4 verbunden.

Reihenschaltung

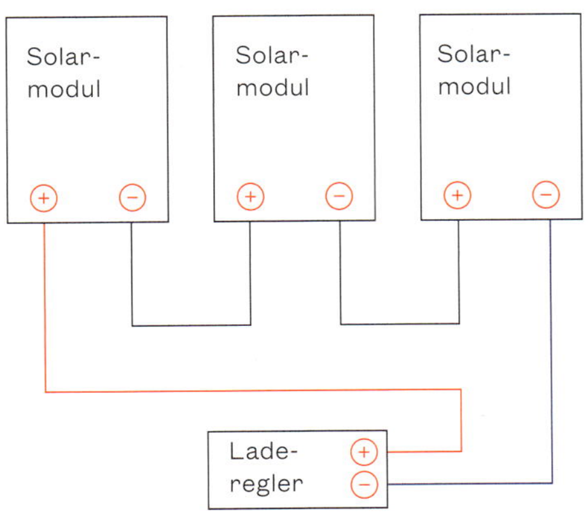

Um serielle und parallele Schaltungen zu ermöglichen, gibt es sogenannte Y-Stecker oder -Kabel.

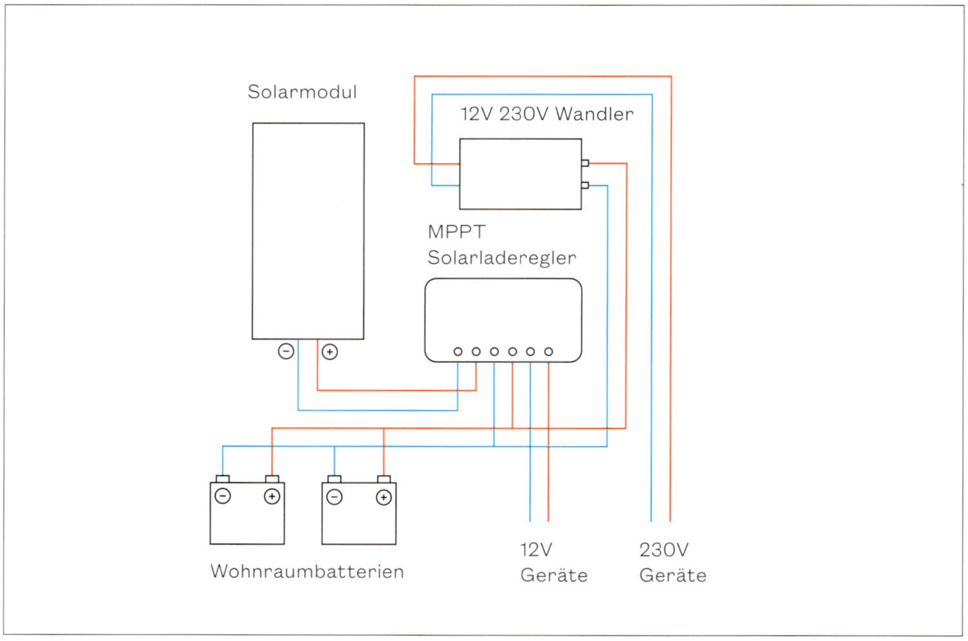

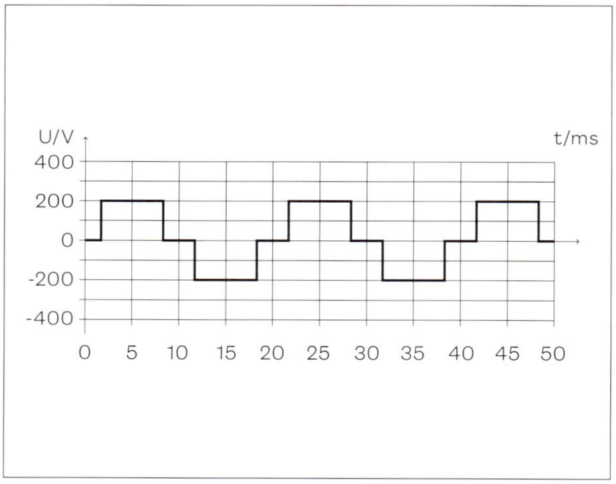

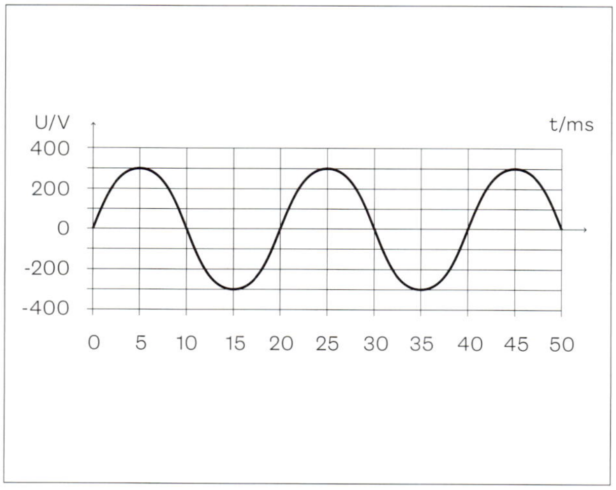

Die Grafik oben ist ein einfaches Beispiel, wie eine Solaranlage aufgebaut wird. Vom Solarmodul (oder mehreren) wird eine Verbindung zum Solarladeregler hergestellt. Der Laderegler hat je nach Ausführung folgende Funktionen: Er verhindert das Überladen durch die Begrenzung der Ladespannung, er begrenzt den Ladestrom, und er überwacht Temperatur, Spannung, Kapazität usw. Der Laderegler entscheidet, ob zum Beispiel der Akku weiter geladen werden muss oder nicht. Vom Laderegler wird eine Verbindung zum 230-Volt-Wandler hergestellt. Der Laderegler wird außerdem mit den Akkus verbunden.

Der **Spannungswandler** wandelt die Eingangsspannung (Gleichstrom: 12 Volt/24 Volt) in Wechselstrom 230 Volt um. Zur Wahl des richtigen Wandlers muss bekannt sein, wie hoch die Dauerleistung ist, also wie viel Watt konstant gebraucht werden. Zusätzlich muss die Spitzenleistung, also die maximale Last, bekannt sein. Man muss also wissen, wie viele Geräte im Tiny House maximal gemeinsam laufen und welche Leistung diese maximal haben.

Spannungswandler gibt es in zwei Ausführungen: Einerseits gibt es Geräte, die einen modifizierten Sinus, andererseits Geräte, die einen reinen Sinus generieren. Einfach gesagt, stellt der modifizierte Sinus eine einfachere Variante dar, und die Geräte sind meist günstiger.

Die meisten Geräte funktionieren auch bei einem modifizierten Sinus. Ein paar Ausnahmen sind beispielsweise einige Kapsel-Kaffeemaschinen, Leuchtstoffröhren oder Klimaanlagen. Der Preisunterschied ist aber gering, sodass es sich empfiehlt, einen Spannungswandler mit einem reinen Sinus zu nutzen.

Leistungsfaktoren

Die Leistung von Solarpanels ist von verschiedensten Faktoren abhängig und kann nur als Richtwert berechnet werden. Die Leistung ist abhängig von:

- Sonneneinstrahlung
- Umgebungstemperatur
- Verschattung
- Modulausrichtung
- Dachneigung
- Modulart
- Degradation (Alter der Panels)

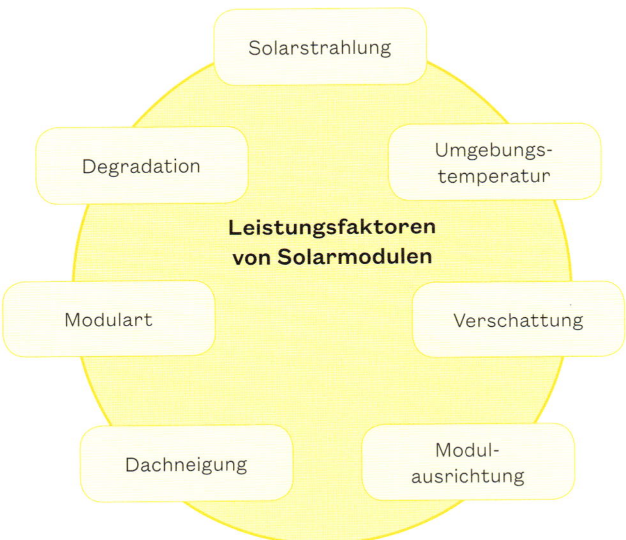

Ein großes Problem ist dabei die **Verschattung**. Ein Solarmodul besteht aus mehreren Solarzellen (bis zu 72). Wenn ein Teil dieser Zellen verschattet ist, sinkt die Leistung des ganzen Solarmoduls. Dazu kommt, dass diese »inaktiven« Zellen als »Bremse« auf den Strom einwirken und so der gesamte Stromfluss verringert wird. Das wird vor allem zum Problem bei reihengeschalteten (seriellen) Solarmodulen. Falls sich nur ein Teil der Module im Schatten befindet, sinkt die Leistung des gesamten Strangs massiv. Abhilfe kann eine Bypass-Diode bieten. Die Diode leitet den Strom an dem Modul vorbei, das im Schatten ist bzw. die Leistung reduziert. So fällt nur ein einzelnes Solarmodul aus, und es wird nicht die Leistung der ganzen Anlage beeinträchtigt.

STROMSPEICHER

Bei der Beschäftigung mit Solaranlagen stellt sich immer auch die Frage, wie man den Strom zum Beispiel für die Nacht oder auch für längere Zeit speichern kann. Wenn man das ganze Jahr im Tiny House leben will und im Winter – an kürzeren Tagen mit weniger Sonne – noch genügend Strom haben möchte, kommt man um einen Stromspeicher nicht herum. Mit einem Stromspeicher lässt sich der ungenutzte Solarstrom zwischenspeichern und steht dann zur Verfügung, wenn die Solarpanels keinen oder zu wenig Strom generieren.

Die Nennleistung der Akkus, die als Stromspeicher dienen, muss anhand der gewünschten Autarkiedauer berechnet werden, also wie lang das Tiny House ohne externe Stromzufuhr versorgt werden soll.

Angenommen, im Haus sind folgende Verbraucher vorhanden:
Kühlschrank:
20 Watt x 24 Stunden = 480 Watt pro Tag
Internet und WLAN:
10 Watt x 24 Stunden = 240 Watt pro Tag

LED-Beleuchtung am Abend:
15 Watt x 4 Stunden = 60 Watt
Laptop und Mobiltelefon:
40 Watt x 4 Stunden = 160 Watt

Der Verbrauch betrüge aufgrund dieser Werte insgesamt 940 Watt pro Tag. Ein Akku mit 12 V/220 Ah könnte das Tiny House dann ungefähr 2,8 Tage versorgen (12 V x 220 Ah = 2640 Watt), ohne dass die Solarpanels die Akkus laden.

Dass eine Solaranlage gar keinen Strom mehr liefert, ist sehr unwahrscheinlich. Das kommt nur bei ganz schlechten Bedingungen, wie zum Beispiel viel Schnee auf den Solarpanels oder bei einem Standort im Schatten vor. Es muss allerdings berücksichtigt werden, dass die Akkus nur mit dem überschüssigen Strom geladen werden. Falls die Solarpanels also nur genügend Strom für den »laufenden Betrieb« liefern, bleibt die Akkuladung aus.

Es können auch mehrere Akkus zusammen betrieben werden – mittels paralleler oder serieller Schaltung. Welche Schaltung man verwendet, hängt davon ab, welchen Zweck man mit ihr erzielen möchte. Schaltet man die Akkus seriell, erhöht sich die Spannung (zum Beispiel 2 x 12 Volt = 24 Volt); die Ah bleiben aber bei 220. Bei der parallelen Schaltung bleibt die Spannung bestehen (12 Volt), aber die Ah verdoppeln sich auf 440 Ah.

Die von den Solarpanels ausgehenden Kabel werden mittels standardisierten Batterieklemmen an den Akkus befestigt. Dasselbe Prinzip findet man auch bei Autobatterien.

GAS

Es gibt verschiedene Arten von Gas für den Hausgebrauch, wovon Propan das meistbenutzte Gas ist. Butan lässt sich bei Temperaturen unter 0 Grad nicht mehr einsetzen, da es dann nicht mehr verdampft. Weitere Möglichkeiten wie Erd- oder Biogas sind bisher kaum in mobilen Behältern erhältlich.

Die **Gasflaschen** müssen in einem gegen den Innenraum geschlossenen, luftdichten Kasten gelagert werden. Alternativ kann auch ein Kasten oder Raum im Außenbereich angebaut werden. Falls Gas aus einer Flasche austritt, darf es auf keinen Fall in den Innenraum gelangen können. Die Gasflaschen müssen zudem vor Verrutschen oder Umfallen gesichert werden. Das kann zum Beispiel einfach mit Spanngurten erfolgen.

Direkt an die Flasche wird ein Gasdruckregler angeschlossen. Dieser stellt den gewünschten Druck des Gases bereit. In der Regel sind das 20 bis 50 Millibar (bzw. Hektopascal).

Die Verbindungen zwischen der Gasflasche und einem Verbraucher, das heißt die Gasleitungen, sind in der Regel Stahl- oder Kupferrohre, bei denen die Rohrleitungsverbindungen hartgelötet oder gepresst werden. Es gibt im Handel zwar flexible Leitungen, diese dürfen aber nur im Außenbereich verwendet werden. Gängige Rohrgrößen sind 6 x 8 oder 8 x 10 Millimeter; welche Rohre und Rohrgrößen geeignet sind, sollte zwingend von einem Fachmann bestimmt werden.

Jeder Verbraucher muss über ein Schnellschlussventil abgesichert sein. Dieser Regler muss gut zugänglich sein, da er im Notfall dazu dient, die Gaszufuhr zu unterbrechen.

Sind alle Geräte angeschlossen, erfolgt eine Prüfung auf Dichtigkeit. Diese erfolgt mit einer speziellen Druckpumpe mit Manometer. Der Druck, der mit der Pumpe aufgebaut wird, muss sich dann in der Installation mindestens 10 Minuten halten. Um ein Leck zu orten, kann man alle Verschraubungen mit einem Lecksuchspray (oder Seifenwasser) bespritzen. Dort, wo Gas austritt, beginnt es zu schäumen.

Eine Kontrolle der Gasinstallation sollte alle ein bis drei Jahre vorgenommen werden!

WASSER

Die Wasserversorgung

Die Wasserversorgung kann auf unterschiedliche Weise erfolgen, jede Methode hat ihre eigenen Vor- und Nachteile. Dabei spielt der Standort und die Flexibilität sowie der Anspruch an Autarkie eine wesentliche Rolle.

Festwasseranschluss

Am bequemsten ist ein Festwasseranschluss. Er hat den Vorteil, dass das Wasser schon mit Druck ankommt. Das heißt, man braucht keine Wasserpumpe oder Ähnliches.

Ein Festwasseranschluss kann sowohl als eigener Wasseranschluss als auch von einem Haupthaus aus (Bauernhof, Nebenhaus) erfolgen. Bei Letzterem wird eine Abzweigung vom Wasseranschluss zum Beispiel des Haupthauses gelegt und zum Tiny House geführt. Wichtig ist, dass eine solche Leitung – sofern sie im Freien verlegt wird – frostsicher ist. Das heißt, sie muss mindestens 80 Zentimeter tief im Boden vergraben werden. Für den Fall, dass eine Wasserleitung an einem nicht frostsicheren Ort verlegt werden muss, gibt es sogenannte Begleitheizungen oder Heizbänder. Diese werden am Wasserrohr entlang gezogen und schalten sich über einen Sensor ein, sobald die Temperatur unter den Gefrierpunkt sinkt. Falls das Tiny House im Winter über längere Zeit nicht beheizt wird, können Heizbänder auch im Inneren des Hauses eingesetzt werden, damit die Wasserinstallation nicht einfriert.

Heizbänder haben eine Leistung von 10 bis 20 Watt pro Meter. Bei längeren Leitungen kann daher einiges an zusätzlichem Stromverbrauch zusammenkommen.

Wassertank

Ein eingebauter Wassertank bietet mehr Flexibilität, doch auch hier muss eine Wasserquelle vorhanden sein. Wenn es einen Wasseranschluss in der Nähe gibt, kann der Tank über einen Schlauch befüllt werden. Alternativ muss man sich mit Kanistern behelfen.

Die Größe des Wassertanks kann je nach Bedarf und Anspruch gewählt werden. Dabei hilft es zu wissen, wie hoch der Wasserverbrauch ist.

Für den Wassertank sollte (vor allem für Trinkwasser) ein Stahltank benutzt werden. Plastiktanks sind zwar kostengünstiger, können die Wasserqualität aber negativ beeinflussen (Bakterienbildung).

Um das Wasser von einem Wassertank in die Installation zu pumpen, braucht es eine Wasserpumpe.

Regenwasseraufbereitung und Wasserkreisläufe

Regenwasseraufbereitung und geschlossene Wasserkreisläufe sind spannende Alternativen für ein autarkes Leben. Grauwasser, das heißt gering verschmutztes Wasser, kann beispielsweise über ein Sumpfpflanzensystem aufbereitet und in den Wasserkreislauf zurückgeführt werden. Ein solches System muss aber bereits bei der Planung berücksichtigt werden; man kann es zum Beispiel auf dem Dach installieren.

Alternativ lassen sich auch getrennte Wasserkreisläufe aufbauen. So kann etwa ein Wasserkreislauf die Dusche beliefern (beispielsweise mit Regenwasser), und ein anderer Kreislauf dient der Trinkwasserversorgung. Dabei könnte zum Beispiel für das Trinkwasser ein kleinerer Wassertank ausreichend sein. Solche Systeme sind aber sehr aufwendig zu realisieren.

Grauwasser und Schwarzwasser
Von Grauwasser spricht man bei gering verschmutzem Wasser, ohne Fäkalien, das beispielsweise beim Duschen, Händewaschen oder als Wasser aus der Waschmaschine anfällt.

Als Schwarzwasser wird das Wasser aus Toiletten bezeichnet. Da die meisten Tiny Houses ohne herkömmliche Toilette auskommen, fällt hier meist kein Schwarzwasser an.

Das Grauwasser kann über einen Grauwasserfilter gefiltert werden (zum Beispiel von Biolan). Das ist sinnvoll und insbesondere in jenen Ländern erforderlich, in denen es nicht erlaubt ist, Grauwasser versickern zu lassen.

Die Wasserinstallation

Die Wasserinstallation kann entweder mit PVC-, Kupfer-, PE- oder PP-Rohren vorgenommen werden. PP-Rohre sind die modernste Lösung.

Grundsätzlich gibt es einen Warmwasser-Weg und einen Kaltwasser-Weg. Bei der klassischen Installation wird kaltes Wasser ins Haus geführt und dann auf die Heizlösung (Boiler, Gas-Wasser-Erwärmer) verteilt. Von dort erfolgt anschließend die Verteilung an alle Mischer. Es gibt dann immer zwei Rohre, eines für Kaltwasser und eines für Warmwasser.

Ein Geschirrspüler oder eine Waschmaschine werden nur mit Kaltwasser betrieben. Das Aufheizen des Wassers erfolgt direkt im Gerät.

Während die Hauptverteilung des Wassers meist Messinganschlüsse hat, werden für die Wasserleitungen selbst häufig flexible Rohre aus PVC

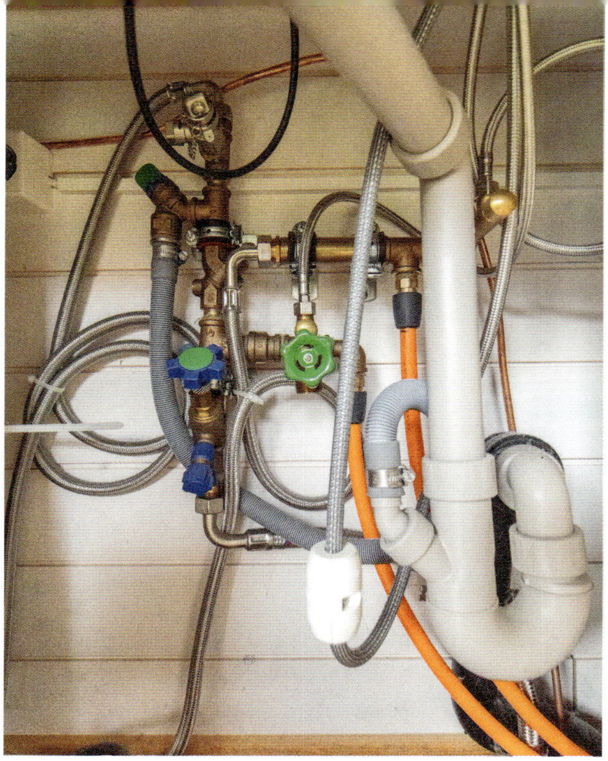

genutzt. Der Anschluss der Geräte bzw. der Mischer erfolgt über sogenannte Flex-Schläuche, die über ein Drehgewinde verbunden werden. Bei der Wasserinstallation sollte auch immer darauf geachtet werden, dass die Wasserzufuhr über ein Absperrventil geschlossen werden kann. Zudem braucht es einen Hahn, um die Installation zu entleeren, da sonst im Winter – wenn das Tiny House unter Umständen über längere Zeit nicht beheizt wird – das verbleibende Wasser in den Leitungen gefrieren könnte.

Die Wasserinstallation sollte durch einen Fachmann durchgeführt werden, da je nach Installation weitere Ventile, Druckminderer, Rückschlagventile usw. nötig sind.

Der Wasserverbrauch

Der Wasserverbrauch ist schwierig zu messen. Ein kleinerer Teil des Wassers wird zum Kochen und als Trinkwasser gebraucht. Der Großteil wird fürs Duschen und Abwaschen benötigt. Ein Duschvorgang braucht je nach Duschkopf und Duschdauer 7 bis 15 Liter Wasser. So kommen pro Tag schnell 15 bis 20 Liter zusammen.

WARMWASSER

Eine Warmwasser-Installation kann über verschiedene Wege erfolgen. In einem Tiny House funktionieren einige Lösungen aus dem klassischen Hausbau aufgrund der eingeschränkten Platzverhältnisse nur bedingt.

Folgende Varianten sind in einem Tiny House üblich:

Der Durchlauferhitzer

Das Prinzip des Durchlauferhitzers ist einfach. Das Wasser wird während des Durchlaufs durch Hitze erwärmt. Wird kein warmes Wasser benötigt, stellt sich der Durchlauferhitzer ab.

Durchlauferhitzer gibt es sowohl strom- als auch als gasbetrieben, wobei die Stromlösung durch den hohen Stromverbrauch von über 2500 Watt für ein Tiny House eher nicht in Frage kommt.

Viele gasbetriebene Varianten sind für Erdgas ausgelegt und können so im Tiny House nicht eingesetzt werden. Es gibt aber auch Flüssiggas-Lösungen.

Solarthermie

Solarthermie kennt man vor allem aus mediterranen Gefilden, wo sie schon länger eingesetzt wird. Auf dem Dach wird ein Wasserreservoir installiert, das sich durch Sonneneinstrahlung aufwärmt. Hier ist ebenfalls eine Wasserpumpe nötig, um den nötigen Druck zu erzeugen.

Gas

Die Firma Truma bietet Lösungen, bei denen Wasser (sowie die Heizung) per Gas aufgewärmt werden kann. Der Gasverbrauch bewegt sich zwischen 80 und 450 Gramm pro Stunde.

Elektroboiler

Während im klassischen Haus die Elektroboiler immer mehr verschwinden, können sie im Tiny House durchaus noch ihre Berechtigung haben.

Elektroboiler haben ein Fassungsvermögen von 40 bis 120 Liter (oder mehr) und erwärmen das Wasser mithilfe von Strom; meistens wird das Wasser im Boiler auf etwa 80 Grad erhitzt.

Ein Elektroboiler braucht (je nach Größe) circa 600 Watt pro Tag. Eine ausreichend große Solaranlage kann das ohne Probleme generieren. Auch falls der Strom mal nicht reicht, bleibt das Wasser im Boiler während etwa 48 Stunden warm.

Der wassergeführte Holzofen

Der wassergeführte Holzofen ist die Luxuslösung. Dabei wird ein Wassertank, der in einem Ofen verbaut ist, mit Holzfeuer aufgeheizt. Im Sommer dient das Feuer nur zum Erwärmen des Wassers, während im Winter derselbe Ofen auch als Heizung genutzt werden kann.

DIE DUSCHE

Die Dusche gilt als einer der Knackpunkte bei der Tiny-House-Planung, da sie einer der größten Wasserverbraucher ist. Ein Duschvorgang mit einem normalen Duschkopf verbraucht rund 15 Liter Wasser. Mit einem Sparduschkopf lässt sich die Wassermenge auf 7 bis 12 Liter reduzieren.

Der genaue Wasserverbrauch lässt sich mit einem Gerät namens Amphiro messen. Das Gerät wird zwischen Duschschlauch und Brause angeschlossen und zeigt bei jedem Duschvorgang den Wasserverbrauch (und den Energieverbrauch) an. Es gibt sowohl eine Bluetooth-Version (für Auswertungen auf dem Mobiltelefon) als auch eine Lösung ohne Bluetooth (Anzeige nur auf dem Amphiro-Display).

Airshower

Eine interessante Ergänzung der Dusche ist der Einbau eines Airshower. Der Airshower wird zwischen Mischer und Duschschlauch montiert und mischt dort Sauerstoff in das Wasser. Damit lässt sich circa 30 Prozent Wasser sparen.

Showerloop

Showerloops sind größtenteils als Open-Source-Projekt verfügbar. Die Idee der Showerloop ist, das Wasser in einem Kreislauf (Loop) wiederzuverwenden. Das Wasser fließt also nicht gleich ab, sondern wird während des Duschvorgangs wieder zurückgeführt, gefiltert und so während des Duschvorgangs mehrmals genutzt.

Das hat zwei Vorteile: Einerseits wird der Wasserverbrauch pro Duschvorgang auf etwa 7 bis 10 Liter reduziert, unabhängig davon, wie lange man duscht. Zudem wird damit weniger Warmwasser verbraucht. Das wiedergewonnene Wasser ist bereits warm, man braucht deshalb weniger Energie, um es wieder auf die gewünschte Temperatur zu erwärmen.

Die Installation einer Showerloop setzt aber einige technische Fähigkeiten und auch genügend Platz voraus, ist aber für Tiny Houses durchaus interessant!

Informationen und Anleitungen dazu gibt es unter: www.showerloop.org

ABWASSER

In den meisten Tiny Houses wird auf eine klassische Toilette verzichtet, sodass in der Regel nur Grauwasser anfällt (siehe Kapitel »Wasser«, Seite 205). Hierfür gibt es folgende Methoden:

Tank

Grauwasser wird in einem Tank gesammelt und dieser dann entweder von Hand geleert (das geht bei kleinen Tanks von 20 bis 40 Liter) oder abgepumpt. Diese Lösung setzt die Möglichkeit voraus, das Abwasser in der Nähe entsorgen zu können. Solche Systeme kommen zum Beispiel bei Campern zum Einsatz.

Grauwasserfilter

Das Grauwasser wird in einem Grauwasserfilter gesäubert und anschließend versickert. Diese Lösung setzt den Einsatz von ökologischen Wasch- und Duschmitteln voraus, denn zu viele aggressive Flüssigkeiten zerstören die pflanzlichen oder anderen Filtermaterialien im Grauwasserfilter. In vielen Ländern und Regionen ist das Versickernlassen von Grauwasser verboten. Das sollte unbedingt vorher abgeklärt werden!

Der Abwasseranschluss

Sobald eine herkömmliche Toilette im Einsatz ist und damit Schwarzwasser vorhanden ist, kommt man um einen Abwasseranschluss nicht herum. Damit kann sowohl Grau- als auch Schwarzwasser direkt abgeführt werden. An vielen Orten kann das Abwasser auch über einen Schlauch in die Kanalisation geführt werden.

HEIZEN

Das Heizen gilt als eines der zentralen Probleme beim Bau eines Tiny House. Einerseits weil im Winter kalte Phasen mit wenig Sonnenlicht überbrückt werden müssen, andererseits weil viele andere Komponenten wie die Isolation oder die Fenster großen Einfluss auf die Wärmeentwicklung haben.

In diesem Kapitel stellen wir die verschiedenen Heizsysteme vor, ohne dabei auf Faktoren wie Isolation, Fenster usw. einzugehen.

Elektroheizung

Grundsätzlich lässt sich ein Tiny House mit einer Elektroheizung heizen. Das kann in Ausnahmefällen sinnvoll sein, ist aber vom Stromverbrauch und von der Leistung her oft nicht die ideale Lösung. Es gibt spannendere Alternativen.

Holzofen

Häufig wird der klassische Holzofen zum Heizen verwendet. Holzöfen gibt es in verschiedenen Größen. Die **Heizleistung** wird in Kilowatt (kW) angegeben und reicht je nach Modell von unter 2 kW bis zu über 15 kW. Entscheidend für die richtige Wahl sind Raumgröße und gewünschte Temperatur.

Für »klassische« Bauten gelten folgende Grundwerte (W/m² = Watt pro Quadratmeter):
gut isolierter Neubau, weniger als 10 Jahre alt: ca. 45 W/m²
Haus, nach 1995 errichtet: ca. 60 W/m²
Haus, nach 1978 errichtet: ca. 80 W/m²
Häuser ohne Dämmmaßnahmen: ca. 120–180 W/m²

Ein oft verwendetes Modell ist der Gussofen Pluto von Globe Fire.

Anhand dieser Werte lässt sich berechnen, dass für 20 Quadratmeter à 70 Watt circa 1,4 kW Heizleistung benötigt werden. Dieser Wert wird aufgrund des Nutzungsgrades oder von Wärmeverlusten mit 1,5 multipliziert. Somit erhält man für die erforderliche Heizleistung einen Wert von rund 2 kW.

Grundsätzlich können auch größere Öfen zum Einsatz kommen, allerdings besteht dann oft das Problem, dass das Feuer bei kleiner Flamme erstickt.

Für eine gute Verbrennung braucht ein Ofen genügend **Zugluft**. Diese kann aus der Raumluft entnommen werden oder von einer externen Luftzufuhr stammen. Bei kleinen Räumen empfiehlt sich die zweite Variante. Allerdings ist nicht

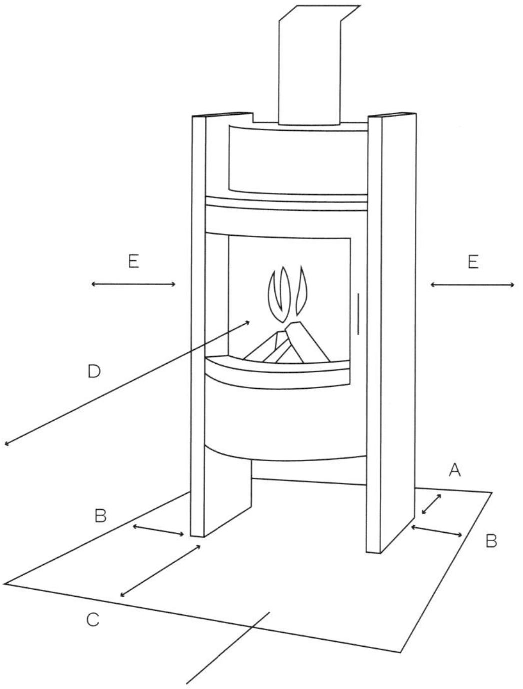

bei jedem Ofenmodell eine externe Luftzufuhr möglich; dies ist bei der Auswahl zu berücksichtigen.

Bei der **Montage** des Ofens sind vorgegebene Sicherheitsabstände zu beachten; sie gelten auch für den Abstand zwischen Ofen und Wand. Die Vorgaben für die Sicherheitsabstände sind von Land zu Land verschieden, es wird aber in jedem Fall empfohlen, einen Abstand von mindestens 20 bis 30 Zentimeter einzuhalten.

In der Schweiz, in Deutschland und Österreich gelten folgende Abstände:
A, B und E = 20 cm
D = 80 cm
C = 40 bzw. 50 cm

Auch für die Höhe des **Außenkamins** gelten bestimmte Regeln. So muss die Kaminmündung folgende Punkte überragen:

1) den höchsten Gebäudeteil (z. B. Dachfirst) um mindestens 0,5 Meter
2) ein Flachdach um mindestens 1,5 Meter
3) begehbare Flachdächer um mindestens 2 Meter ab Dachfläche

Wichtig bei der Montage des Ofens ist das Anbringen einer **Bodenplatte** oder **Funkenschutzplatte** vor bzw. rund um den Ofen. Diese Platte ist in der Regel aus Metall (oder Stein) und verhindert, dass Funken oder glühende Holz- oder Kohleteilchen in Kontakt mit dem Boden kommen.

Auch die Stelle, wo das **Abzugrohr** durch die Wand geführt wird, muss beachtet werden. Dort entsteht eine so große Hitze, dass ein Kontakt zu Holz oder anderen brennbaren Materialien unbedingt zu vermeiden ist. Die Durchführung des Ofenrohres muss daher speziell isoliert sein. Entweder entscheidet man sich für ein isoliertes Rauchrohr, oder man isoliert den Bereich des Durchbruchs mit Gipsfaserplatten (Fermacell).

Pelletofen

Anstelle eines Holzofens kann auch ein Pelletofen in Frage kommen. Als Brennstoff dienen dann die sogenannten Pellets, kleine, aus Holzabfällen gepresste Stäbchen. Es gibt Pelletöfen, die mit einem Thermostat ausgerüstet sind und automatisch einzufeuern beginnen, sobald eine bestimmte Raumtemperatur unterschritten wird. Sie lassen sich oft auch per App steuern, sodass sie aus der Ferne eingeschaltet werden können.

Die meisten Pelletöfen sind allerdings für größere Räume ausgelegt, was oft mit einer höheren Heizleistung (ab 4 kW) und größeren Außenmaßen verbunden ist.

Auch beim Pelletofen müssen Mindestabstände eingehalten werden.

Heizen mit Gas

Im Campingbereich werden oft Gasheizungen eingesetzt. Ein bekannter Hersteller ist die Firma Truma (www.truma.com).

Neben der Heizfunktion bieten Truma-Produkte auch die Möglichkeit, Wasser zu erwärmen. Die Wärmeleistung dieser Geräte reicht bis 6 kW. Der Gasverbrauch bewegt sich zwischen 80 und 450 Gramm pro Stunde. Es gibt auch die Möglich-

keit, diese Heizungen mit Diesel und Strom oder auch als Kombination von beiden zu betreiben. Auch diese Geräte lassen sich meist per App oder Display steuern und machen das Heizen somit sehr komfortabel.

Infrarotheizung

Eine weitere Möglichkeit bieten Infrarotheizungen. Diese erwärmen nicht die Raumluft, sondern geben die Wärme als elektromagnetische Strahlen ab. So wird die Wärme nicht von der Luft, sondern von den Personen und Objekten im Raum aufgenommen.

Infrarotheizungen werden als platzsparende Panels angeboten, die an die Wand montiert werden können. Da Infrarotpanels mit Strom betrieben werden, sind der Stromverbrauch und die damit verbundenen Kosten zu berücksichtigen. Ein Infrarotpanel kann schnell eine Leistung von 300 bis 1000 Watt haben.

Da die Panels mit elektromagnetischen Strahlen »heizen«, entsteht Elektrosmog, der möglicherweise unerwünscht ist.

Wasserführender Holzofen

Eine interessante Lösung, die aber in der Planung etwas aufwendiger ist, etwas mehr Platz braucht und auch mehr Gewicht hat, ist der wasserführende Holzofen. Bei dieser Ofenart ist der Brennraum von einem Wasserspeicher umgeben. Das aufgeheizte Wasser wird dann an externe Heizkörper verteilt und sorgt so für Wärme im Haus. Da Wasser ein sehr guter Wärmespeicher ist, reicht ein Einfeuern einmal täglich aus.

Ein wasserführender Holzofen lässt sich oft nur mit viel Aufwand im Nachhinein einbauen.

Luftkollektor

Ein Luftkollektor oder Solarkollektor bietet eine einfache Möglichkeit, um Wärme zu gewinnen. Im Außenbereich wird ein Kasten mit Wärmesammlern (Absorber) montiert, welcher dann die gesammelte warme Luft über die Lüftung ins Innere bläst. Der Wirkungsgrad eines Luftkollektors liegt bei 50 bis 70 Prozent. Der Nachteil des Luftkollektors ist, dass die dafür benötigten Luftkanäle relativ groß sind (8 bis 12 Zentimeter). Zudem erbringt ein Luftkollektor natürlich nur dann Wärme, wenn eine Sonneneinstrahlung besteht.

Da die Technik des Luftkollektors sehr einfach ist, kann er auch mit einfachsten Mitteln selbst gebaut werden (siehe: www.trubadu.de/luftkollektor_bausatz.php).

Dieselheizung

Dieselheizungen gibt es mit Heizleistungen von 3 bis 6 kW. Je nach Modell verbrauchen sie zwischen 0,4 bis 0,9 Liter Diesel pro Stunde. Die Installation einer Dieselheizung ist wegen des Dieseltanks, der Abgasabführung usw. um einiges aufwendiger als andere Lösungen.

Rauchmelder

Wer einen Holzofen oder Gasbrenner in Betrieb nimmt, sollte sich unbedingt einen Gas-/Rauch- und CO_2-Melder installieren. Es gibt dafür verschiedene Anbieter. Die Modelle lassen sich teilweise auch über eine App und WLAN steuern.

KÜHLEN

Im Sommer und besonders bei länger anhaltenden Hitzeperioden besteht im Tiny House das Problem, dass sich im kleinen Raum die Hitze staut und die Innentemperatur dadurch oft über 30 Grad ansteigen kann. Für solche Hitzeperioden muss man sich Strategien zur Kühlung des Innenraums überlegen. Offene Fenster und Durchzug können helfen, aber bei hohen Temperaturen muss man auf andere Art Abhilfe schaffen.

Ventilator

Ein Ventilator ist eine einfache Lösung, um für etwas kühle Luft und Luftzug zu sorgen. Er kann flexibel aufgestellt und im Winter auch wieder verstaut werden. Der Schweizer Hersteller Stadler hat einen leistungsstarken Ventilator namens Tim im Angebot, der über USB betrieben wird. Er braucht wenig Strom und sorgt für angenehme Luft im Sommer (www.stadlerform.com/de-ch/produkte/ventilator/tim/information).

Klimaanlage

Eine Klimaanlage bzw. sogenannte Mono-Split-/Single-Split-Geräte bestehen aus einer Außeneinheit und einer Inneneinheit. In der Inneneinheit verdampft das Kältemittel und entzieht dadurch der Umgebung die warme Luft, die dann über die Außeneinheit ins Freie gelangt. Viele Klimageräte können bei kalten Temperaturen auch zum Heizen genutzt werden.

Der Nachteil dieser Geräte sind die relativ großen Abmessungen der einzelnen Komponenten. Sowohl die Außeneinheit als auch die Inneneinheit sind oft bis zu 80 Zentimeter breit bzw. hoch und können über 20 Kilogramm wiegen. Zudem kann die Leistung eines solchen Geräts schnell über 1000 Watt (bis zu 3000 Watt) steigen.

Es gibt aber auch mobile Klimaanlagen, die nur bei Bedarf aufgestellt werden. Die Abluft wird dann zum Beispiel über ein gekipptes Fenster abgeführt.

Dachventilation oder Dachfenster

Dachventilatoren kennt man vor allem aus dem Wohnwagenbereich. Da warme Luft steigt, ist es naheliegend, sie über die Decke abzuführen. Ein Dachfenster oder eine aktive Dachventilation hilft, Stauwärme zu vermeiden.

Mini-Klimaanlage

Verschiedene Hersteller bieten Mini-Klimageräte an. Eigentlich sind sie für die Abkühlung von einzelnen Arbeitsplätzen gedacht, aber diese Geräte sind auch im Tiny House sehr sinnvoll. Ein Mini-Klimagerät, wie zum Beispiel jene der Firma Evapolar, kann für lokale Abkühlung sorgen. Der Tank wird mit circa 1 Liter Wasser gefüllt, und das Gerät kühlt dann eine Fläche von 3 bis 4 Quadratmetern für etwa 6 Stunden. Die Stromversorgung erfolgt über USB.

Nasse Tücher

Eine ganz einfache, alte Methode ist, feuchte Tücher über die Fenster (oder vor einen Ventilator) zu hängen. Auch das Besprühen der Bettwäsche mit Wasser vor dem Zubettgehen kann Wunder bewirken. Die kalte, feuchte Luft hilft bei heißen Temperaturen auch, den Raum etwas kühler zu halten.

Gründach

Falls die Möglichkeit besteht, das Tiny House mit einem Gründach zu versehen, sollte man dies definitiv in Betracht ziehen. Auf einem Gründach werden spezielle Sumpfpflanzen angepflanzt. Durch die Bewässerung (zum Beispiel mit Grau- oder Regenwasser) wird mittels Verdunstung eine kühle Umgebungsluft generiert. Es ist aber zu berücksichtigen, dass bei einem Gründach ein erhebliches Gewicht zusammenkommt, das dann statisch vom Wagen bzw. Haus getragen werden muss!

DIE INNENEINRICHTUNG

EINRICHTUNGSGEGENSTÄNDE

Die Inneneinrichtung in Tiny Houses ist äußerst vielfältig. Immer wieder werden neue Lösungen und Wege gefunden, um den knappen Platz noch optimaler zu nutzen. Ob Schubladen unter dem Bett, an die Decke montierter Stauraum oder Apothekerauszugsschränke. Die Möglichkeiten sind nahezu grenzenlos. Gerade Selbstbauer finden immer wieder neue Wege und Lösungen, um den Platz für die individuellen Bedürfnisse bestmöglich zu nutzen.

Einige in Tiny Houses häufig verwendete Lösungen sollen hier kurz vorgestellt werden.

Klapptisch

Ein Klapptisch, der sich bewährt hat, ist der »Klapptisch Norden« von Ikea. Bei diesem sind an einem Mittelelement mit sechs Schubladen zwei Tischplatten montiert, die sich auf beiden Seiten ausklappen lassen. Zusammengeklappt nimmt das Möbelstück nur 26 Zentimeter in Anspruch, wenn beide Tischplatten ausgeklappt sind, ist es rund 150 Zentimeter lang. Es kann aber auch nur eine der beiden Tischplatten ausgeklappt werden.

Schubladen als Ablagefläche

In der Küche gibt es oft nur sehr wenig Ablagefläche. Eine Schublade mit daraufgelegter Abstellfläche kann da Abhilfe schaffen.

Treppe

Beim Wohnen auf zwei Etagen muss man sich die Treppenlösung gut überlegen. Soll die Treppe flexibel sein, muss sie jeweils weggestellt werden können. Sie kann auch fix eingebaut werden, nimmt dann aber meist viel Platz weg. Auch hier gibt es zahllose Möglichkeiten der Ausgestaltung.

Eine spannende Lösung sind Treppen, die wegklappbar sind, wie zum Beispiel jene des deutschen Herstellers Klapster (www.klapster.de). Ähnliche Lösungen lassen sich auch selber bauen.

Bett

Das Bett nimmt mit einer Grundfläche von 2 bis 4 Quadratmetern eine recht große Fläche im Tiny House ein. Es gibt verschiedene Lösungsansätze, wie man es platzsparend unterbringt.

Bett im Loft

Üblich in Tiny Houses mit einem Loft ist, das Bett bzw. die Matratzen im Loft zu platzieren. Das spart Platz bei der Wohnfläche, und das Bett oder die Betten sind abgetrennt vom restlichen Wohnbereich.

Bett-Schubladen-Lösung

Wird die Bett-Unterkonstruktion mit Schubladen oder Stauraum versehen, lässt sich die Fläche doppelt nutzen. Bei einer solchen Bettkonstruktion ist allerdings zu beachten, dass die Matratze viel Feuchtigkeit aufnimmt. Legt man sie auf eine durchgehende Holzfläche, kann Schimmel entstehen. Versieht man die Holzfläche mit Löchern, kann die Feuchtigkeit in die Unterkonstruktion gelangen und dort eine höhere Feuchtigkeit zur Folge haben. Darum sollte die Bettkonstruktion gut be- und durchlüftet sein und genügend freie Stellen haben.

Das Bettsofa

Das ausziehbare Bettsofa kann eine gute Lösung sein, um tagsüber über etwas mehr Platz zu verfügen. Allerdings kann das tägliche Auf- und Zuklappen auf Dauer mühsam sein. Auch ist es nicht ganz einfach, ein Bettsofa mit qualitativ hochwertiger Matratze zu finden. Ein Bettsofa ist aber zumindest eine gute Lösung für ein Zweit- oder Gästebett.

Das Hubbett

Hubbetten werden wegen des Konstruktionsaufwands und auch wegen des Gewichts der Mechanik selten eingesetzt. Die Idee eines Hubbetts ist, dass sich das Bett über einen Seilzug an die Decke ziehen lässt, um so den darunterliegenden Platz freizugeben. Ein Nachteil ist, dass die Stellfläche des Betts nur als freie (Zirkulations-)Fläche nutzbar ist; Möbel können hier nicht platziert werden – oder müssen jeweils verschoben werden, wenn das Bett wieder heruntergelassen wird.

Der Wohnwagen-Hersteller Bürstner hat 2019 ein Konzept für ein Hubbett präsentiert.

Das Schrankbett

Ein Schrankbett bietet die Möglichkeit, das Bett in einem Schrank zu verstauen, sodass untertags mehr Platz im Raum verfügbar ist. Ein Nachteil dieser Lösung ist, dass die Wandfläche hinter der Schrankkonstruktion frei bleiben muss und dort zum Beispiel keine Fenster sein sollten. Bei einem größeren Bett (2 mal 2 Meter) kann auch die Raumhöhe zu einem Problem werden.

Der Hersteller Hiddenbed bietet Schrankbetten unter anderem mit integrierten Schreibtischen an. Mit etwas Handwerksgeschick kann solch eine Lösung auch selber realisiert werden.

Bett mit integrierten Schubladen

Loftbett

Bettsofa

Toilette

Bei der Toilette reichen die Möglichkeiten vom Verzicht überhaupt auf die Installation einer Toilette bis zur Anbringung einer klassischen Haustoilette mit Wasserspülung, wobei diese Extrempositionen in der Regel aber nicht zur Anwendung kommen. Letztere nicht, da die Toilettenspülung 6 bis 9 Liter Wasser benötigt, was für ein Tiny House mit Wassertank oft zu viel ist.

Komposttoiletten kennen viele vielleicht noch von Waldhütten oder alten Raststätten; diese waren weder besonders hygienisch noch ästhetisch. In den letzten Jahren hat sich das Angebot an neuen Lösungen aber rasant weiterentwickelt, sodass sie inzwischen als völlig akzeptabel und vollwertig gelten.

Die Grundvoraussetzung bei einer Toilette sollte sein, dass Urin und Kot voneinander getrennt werden können. Nur so lassen sich enzymatische und biologische Prozesse verhindern, die zu einer starken Geruchsbildung führen. Berücksichtigt man diese Regel, kann eine Komposttoilette sehr einfach selbst gebaut werden. Wer eine fertige Lösung bevorzugt, wählt zum Beispiel das Separett Privy oder als etwas komfortablere Variante das größere Separett Villa. Dabei handelt es sich um eine vollumfänglich installationsbereite Toilette. Über einen Ventilator werden die Gerüche über ein Lüftungsrohr nach draußen geführt.

Neben Trenntoiletten gibt es auch Verbrennungstoiletten, die dann zum Einsatz kommen, wenn keine Möglichkeit besteht, die Fäkalien zu entsorgen. Eine Verbrennungstoilette, wie zum Beispiel die Cinderella Motion, wird an der Gasversorgung angeschlossen, und die Toilettenabfälle werden verbrannt. Die Installation einer Verbrennungstoilette ist etwas aufwendiger, da die Verbrennungshitze über einen separaten Kamin abgeführt werden muss. Auch ist der dadurch erhöhte Gasverbrauch zu berücksichtigen (circa 110 Gramm pro Verbrennungsvorgang).

Wohin mit Toilettenabfällen?

Düngen mit Urin

Separat gesammelter Urin kann im Garten als Dünger genutzt werden. Da der pH-Wert des Urins von 4,5 bis 7,5 für die meisten Pflanzen zu hoch ist, sollte Urin zu diesem Zweck im Verhältnis von 1:10 verdünnt werden.

Kot als Komposterde

Wird der Kot separat (also ohne Urin) gesammelt, wie das zum Beispiel im Separett Villa möglich ist, kann man die getrockneten Reste kompostieren. In Kombination mit anderem pflanzlichem Kompost verrottet das Ganze zu Humus. Kompost mit Ausscheidungen sollte mindestens zwei Jahre lang reifen, bevor man ihn verwendet.

Nützliche Accessoires

Hier ein paar nützliche Accessoires, die sich beim Leben im Tiny House bewährt haben:

Salat- oder Nudelsieb

Ein Nudelsieb nimmt relativ viel Platz ein und ist meistens im Weg. Abhilfe schafft die Lösung von RMDLO. Dieses Sieb lässt sich bei Nichtgebrauch zusammenfalten und braucht so viel weniger Stauraum.

Racletteofen mit Kerzen
Die beliebte Käsespeise kann man auch im Tiny House genießen. Während ein normaler Racletteofen sehr viel Strom braucht (bis über 2000 Watt), kommen kleinere Modelle mit Rechaudkerzen oder Teelichtern aus. Sie funktionieren genauso gut und brauchen gar keinen Strom.

Ofenventilator
Ein Holzofen kann viel Wärme abgeben. Diese verteilt sich aber meist nicht optimal im Innenraum. Hier hilft der Ecofan, der auf dem Ofen platziert wird. Der Motor dieses Ventilators funktioniert mit Wärme und treibt so die Rotorblätter an. Es gibt ihn in zwei verschiedenen Größen mit unterschiedlicher Leistung.

Kaffeekochen ohne Strom
Die AeroPress ist ein manuelles Gerät zum Kaffeekochen, bei dem das Kaffeepulver mittels eines Presskolbens durch einen Filter gepresst wird. Damit lässt sich alles von Filterkaffee bis Espresso brühen. Perfekt für den Kaffeeliebhaber!

Wetterstation
Bewährt hat sich die Wetterstation von Netatmo; das ist ein ausbaubares System, mit dem sich verschiedene Daten wie Temperatur, Luftfeuchtigkeit, Luftqualität und CO_2-Gehalt messen lassen. Mit einem Regen- oder Windsensor erfasst es auch noch verschiedene weitere Wetterdaten. Die Auswertung der Daten erfolgt über eine App oder über die Netatmo-Onlineplattform.

PROBLEME UND LÖSUNGEN

SCHIMMEL

Wenn bei zu geringem Luftaustausch Feuchtigkeit aus dem Innenraum nicht genügend gut nach draußen gelangen kann, entsteht Schimmel. In den meisten Fällen liegt die Ursache bei einer fehlerhaften Dämmung. Schimmel und zu viel Feuchtigkeit werden dann zu einem Problem.

Die ideale Luftfeuchtigkeit im Tiny House sollte sich zwischen 40 und 60 Prozent bewegen, im Bad ist die Luftfeuchtigkeit meist höher. Ab 70 Prozent Luftfeuchtigkeit kann sich Schimmel bilden. Kritisch werden die Feuchtigkeitswerte nach dem Duschen, denn dann kann im ganzen Innenraum eine sehr hohe Luftfeuchtigkeit entstehen, die bei geschlossenen Fenstern nur langsam über längere Zeit abgebaut wird. Oft hilft die naheliegende Lösung des Lüftens, aufgrund der reduzierten Wohnfläche stellen sich aber zusätzliche Herausforderungen. Falls sich trotz aller Maßnahmen Schimmel bilden sollte, muss das unbedingt ernst genommen und ein Fachmann hinzugezogen werden! Schimmel kann ein massives Gesundheitsrisiko darstellen.

Lüften

Gleich nach dem Duschen den ganzen Raum kurz durchzulüften, ist die einfachste Lösung. So reguliert sich die Luftfeuchtigkeit rasch wieder. Schwierig wird es allerdings, wenn der Außenbereich dieselbe oder eine noch höhere Luftfeuchtigkeit aufweist. Im Idealfall sollte man quer durchlüften, sodass Durchzug entsteht.

Badlüfter

Um im Bereich von Bad und Dusche eine hohe Luftfeuchtigkeit nach dem Duschen zu reduzieren, kann ein kleiner Badlüfter Abhilfe schaffen. Badlüfter gibt es sowohl mit Zeitschaltuhr als auch mit Feuchtigkeitssensor.

Speziell für die Dusche gibt es vom Hersteller Duschkraft eine Lösung, um die Luftfeuchtigkeit in der Dusche zu reduzieren. Das Gerät saugt den warmen Wasserdampf an und kondensiert ihn mithilfe eines Wärmetauschers (siehe www.duschkraft.de).

Luftentfeuchter

Wenn es keine andere Möglichkeit gibt, kann auch ein Luftentfeuchter kurzfristig Abhilfe schaffen. Dieser entzieht der Luft die Feuchtigkeit, hat aber einen recht hohen Stromverbrauch.

Es gibt auch ein paar bautechnische Maßnahmen, die gegen Schimmel wirksam sein können:

Lehmwand

Eine Lehmwand kann Feuchtigkeit aufnehmen und diese über eine längere Zeit langsam wieder abgeben. Eine Lehmwand oder ein größeres Lehmelement lässt sich auch als dekoratives Element einbauen.

Kalziumsilikat-Platten

Kalziumsilikat-Platten sind ein Dämmmaterial, das unter anderem zur Vermeidung von Schimmelpilz eingesetzt wird. Durch den hohen pH-Wert verhindert es die Entstehung von Schimmel. Die Feuchtigkeit wird von dem Material aufgenommen und schnell wieder getrocknet. Die Wände können mit Mineralputz oder Silikatfarbe gestrichen werden.

SCHUTZ VOR SCHÄDEN

Reifen schützen

Während längerer Standzeit am selben Ort können die Reifen stark der Sonne ausgesetzt sein, wodurch der Gummi spröde wird. Darum sollten die Pneus mit einem Brett oder Ähnlichem vor der Sonne geschützt werden. Durch das Gewicht kann es bei längeren Standzeiten auch zu einer unregelmäßigen Auswuchtung der Räder kommen, und die Pneus können Risse bekommen. Daher sollte man in diesem Fall das Tiny House entweder komplett entlasten oder es ab und an bewegen.

Um Temperaturunterschiede abzufangen (kalter Boden, warme Luft), kann es helfen, die Reifen mit einem Holzbrett zu unterlegen. Noch besser ist es, die Räder komplett zu entlasten. Der Wagen kann zum Beispiel auf Stützen gestellt werden, sodass sowohl die Achsen als auch die Reifen entlastet werden. Dies hat den zusätzlichen Vorteil, dass der Wagen stabiler steht und bei Wind und starken Bewegungen nicht wackelt.

Blitzschutz und Erdung

Ein Blitzschutz hat die Aufgabe, Blitzschläge abzufangen und den Strom in die Erde umzuleiten. Das Gebäude und die Menschen im Inneren sollen so vor Schäden geschützt werden. Für einen Blitzschutz werden alle metallenen Elemente auf dem Gebäude (zum Beispiel Dachrinnen, Kamin) auf kürzestem Weg mit Draht verbunden und dieser nach unten zu einem Nagel geführt, der mindestens 80 Zentimeter in der Erde stecken sollte. Soweit die Theorie. Praktisch sollte das ein Fachmann ausführen – oder die Konstruktion sollte zumindest von einem Fachmann beurteilt werden.

LITERATUR

Bücher und Magazine

Viele Bücher, die bisher erschienen sind, sind international und vor allem auf die USA und Kanada orientiert. Im europäischen Raum gibt es wenig Literatur zum Thema Tiny House. Folgende Bücher zum Thema sind empfehlenswert:

Mario Michael Rampitsch: Eine Arche bauen, erschienen im Eigenverlag 2018, zu bestellen über: www.einearchebauen.com
Das Buch ist eine große Inspiration für jeden Selbstbauer. Mit zahlreichen Bildern und Anleitungen zeigt der Autor, wie es möglich ist, mit einem Budget von 15 000 Euro ein Tiny House zu bauen.

Julia Seidl: Kleines Zuhause – große Freiheit. Erfüllt leben auf weniger Raum. 10 Porträts minimalistischer Lebensmodelle, Ludwig Verlag 2019
Das Buch porträtiert Menschen, die in unterschiedlichsten Arten von kleinen Behausungen leben, und beschreibt ihre Motivation und ihre Lebensansichten. Inspirierend für alle, die sich das Leben auf weniger Fläche vorstellen können.

OSKAR, hrsg. von Wohnwagon, zu bestellen über: www.wohnwagon.at
Magazin rund um Themen des natürlichen und autarken Lebens. Anleitungen und Inputs rund um das Thema Tiny House.

Yvan Saint-Jours, Bruno Thiéry, Célia Robert: Tiny House. Le nid qui voyage, YpyPyp 2016 (nur in Französisch erhältlich)
Das Buch stellt verschiedene Tiny Houses und ihre Bewohner vor. Mit vielen Bildern und einigen Grundrissen gibt es einen Einblick und Ideen für den eigenen Ausbau.

Elisabeth Nodinot, Bruno Thiéry u. a.: Tiny Houses. Petites constructions, grande liberté, Rustica 2018 (nur in Französisch erhältlich)
Das Buch beschreibt, wie man ein Tiny House auf- und ausbauen kann (mit Themen wie Wandaufbau, Küchenaufbau, Toilettenlösung usw.).

WEBSITES

Im Internet findet man mittlerweile eine Vielzahl von Texten, Videos und Anleitungen. Folgende Seiten haben sich als gute Inspirations- und Wissensquellen erwiesen.

www.tiny-houses.de
Zahlreiche Artikel, Ideen und Lösungen rund um das Thema Tiny House. Neben Trends und News kommen auch immer wieder Experten zu Wort.

www.tinyhouseforum.de
Größtes deutschsprachiges Forum mit regem Austausch rund um das Thema Tiny House und viele Fragen zum Selbstbau. Es gibt jeweils auch eine Abteilung speziell für die Schweiz und Österreich.

www.wohnwagon.at
Die Website von Wohnwagon ist eine Fundgrube für alle Tiny-House-Bauer. Es gibt kaum ein Thema, das auf der Homepage noch nicht besprochen wurde.

www.kleinwohnformen.ch
Der Verein Kleinwohnformen hat ein kleines Forum für Mitglieder. Dort gibt es Informationen zu Treffen, Veranstaltungen und Projekten.

BILD- UND QUELLENNACHWEIS

Umschlagbild: Aksel Jermstad
Seite 9: Brejanz, BreJanz Art
Seite 17: Stefan Wittwer
Seite 20/21: Kevin McElvaney
Seite 22: Basti Rost
Seite 23 oben: Manfred Kraft
Seite 23 unten: Nicola Schmidt
Seite 24/25: Jacques Delacroix (aus: Traumhafte Baumhäuser, AT Verlag 2009)
Seite 26: Dylan Wickrama
Seite 29 oben: Yves Beco
Seite 29 unten: Sandra Stucki
Seite 32–39: Wohnwagon
Seite 40–47: Kevin Rechsteiner
Seite 48–55: TechTinyHouse
Seite 56–63: Lupi Spuma (Karin Lernbeiss)
Seite 64–83, 86–88: Kevin Rechsteiner
Seite 84/85, 89: Athos Binda
Seite 90–97 (außer kleine Bilder 94/95): TOGO Tiny House
Seite 94/95 kleine Bilder: Kevin Rechsteiner
Seite 98–105: Wohlwagen
Seite 106–119: Kevin Rechsteiner
Seite 120: Anne Gabriel-Jürgens
Seite 122/123: Gianluca Fiore
Seite 124, 126–128: Leonardo Di Chiara
Seite 125, 129: Anna Fontanet Castillo
Seite 130–137: Aksel Jermstad
Seite 138–141, 144/145: Kollektiv Winzig
Seite 142/143: Kevin Rechsteiner
Seite 146–153: Tischlerei Bock
Seite 154–161: Gauvin Lapetoule
Seite 162–169: Edward Davies
Seite 170–177: TreeSign
Seite 183, 184: Fiona Bayer
Seite 188: Tech Tiny House
Seite 189 oben: Wohnwagon
Seite 189 Mitte/unten, 192, 196, 206, 209, 212, 215 oben: Kevin Rechsteiner
Seite 207: Haas & Sohn Ofentechnik GmbH
Seite 211: www.trubadu.de
Seite 215 unten: www.klapster.de
Seite 216: Hiddenbed
Seite 217 von oben links nach unten: Kollektiv Winzig, Bürstner GmbH, TOGO Tiny House (Visualisierung), Wohlwagen
Seite 218/219: Kevin Rechsteiner

Text Seite 72/73: »Sie schrumpfen ihr Leben«, von Delia Bachmann, erschienen in: »Der Landbote«, 9. September 2019

Text Seite 120/121: »Ein Tag im Leben von René Sarge, Zimmermann«, von Mathias Ninck, erschienen in: »Das Magazin«, Tamedia, 15/2012

Bei den in diesem Buch enthaltenen Links auf Websites Dritter übernehmen weder Autor noch Verlag eine Haftung für deren Inhalte, da wir uns diese nicht zu eigen machen, sondern lediglich auf deren Stand zum Zeitpunkt der Erstveröffentlichung verweisen.

DANKE

Mein größter Dank geht an Urs Hunziker, der mir anfangs mit viel Rat zur Seite stand. Ebenfalls ein großes Danke an alle Hersteller und Bewohner von Tiny Houses, die sich für die Porträts zur Verfügung gestellt haben. Mit Euren Inputs und Ideen habt Ihr dieses Buch geprägt.

Ein riesiges Dankeschön geht an das Team des AT Verlags. Monika Schmidhofer, Carla Schmid, Tanja Weber, Brigitte Bosshard Bordoni und viele mehr haben mich bei allen Fragen unterstützt und das Buch zu dem gemacht, was es jetzt ist!

Danke auch an Andreas Lütolf, Martin Rapold und Julia Seidl.

Und zuletzt auch noch an die Menschen, die mich überhaupt hierher gebracht haben: Dani Frey, Susanne und Markus Simmler, Coni und Martin Hiltebrand, Dani Hofstetter, Aud Halbritter und Sandra Stucki. Und natürlich – mein Mami. Danke!

DER AUTOR

Kevin Rechsteiner (geboren 1982) ist Teilhaber einer Crossmedia-Agentur in Embrach (Schweiz). Daneben hat er eine Ausbildung als Paar- und Familienberater absolviert.

2016 hat er sich entschlossen, seinen Wohnraum zu reduzieren; er hat seine Wohnung gekündigt und im Laufe eines Jahres einen Zirkuswagen zu seinem neuen Zuhause umgebaut. Seit 2017 lebt er in der Nähe von Zürich ganzjährig darin und teilt seine Erfahrungen auf seinem Blog.

www.kevinrechsteiner.com
www.tiny-house.ch

Kevin Rechsteiner
Wohn mobil!
Camper-Ausbau und Vanlife
Das grosse Praxisbuch